人格发展与教育

RENGE FAZHAN YU JIAOYU

让你的孩子更有个性

陈少华 编著

暨南大学出版社
JINAN UNIVERSITY PRESS

中国·广州

图书在版编目（CIP）数据

人格发展与教育：让你的孩子更有个性/陈少华编著．—广州：暨南大学出版社，2015.12
ISBN 978 - 7 - 5668 - 1726 - 6

Ⅰ.①人…　Ⅱ.①陈…　Ⅲ.①人格—儿童教育　Ⅳ.①G61

中国版本图书馆 CIP 数据核字（2015）第 308563 号

出版发行：暨南大学出版社

地　址：	中国广州暨南大学
电　话：	总编室（8620）85221601
	营销部（8620）85225284　85228291　85228292（邮购）
传　真：	（8620）85221583（办公室）　85223774（营销部）
邮　编：	510630
网　址：	http：//www.jnupress.com　http：//press.jnu.edu.cn
排　版：	广州市天河星辰文化发展部照排中心
印　刷：	佛山市浩文彩色印刷有限公司
开　本：	880mm×1230mm　1/32
印　张：	7.125
字　数：	162 千
版　次：	2015 年 12 月第 1 版
印　次：	2015 年 12 月第 1 次
定　价：	29.80 元

（暨大版图书如有印装质量问题，请与出版社总编室联系调换）

序　言

　　做老师十多年，为人父母七八年，大大小小的报告几百场，所有这些都围绕着两个字——教育。作为一名大学老师，我送走了一届又一届的大学毕业生，同时也为毕业生综合能力的总体趋势感到担心。按理来说，现在的学生各方面的条件都很好，没有理由发展不好，但实际情况却事与愿违。人们不禁要问：他们的个性都去哪了？作为一位父亲，我像千千万万的父亲一样，希望自己的孩子能健康快乐地成长；但是，当我将自己20多年所学的心理学知识用于对孩子的教育时，却发现这些知识在现实面前是那么的不堪一击。这些年来，仅小孩吃饭的事情就让我焦头烂额，更别提什么独立性、责任心了。到如今，小孩对我的评价反倒是："我的爸爸是个有问题的爸爸。"在这么多年的心理健康教育培训中，我深切感受到中小学老师和家长对心理学知识的渴望，他们甚至将心理学当成拯救教育的最后一条途径，迫切希望有人能手把手地教他们怎么做，每每遇到这样的情形我就觉得十分惭愧。

　　从家庭到学校再到社会，家长关心什么、老师关注什么、领导重视什么，这在某种程度上决定了孩子的发展。从目前的情形看，我们的孩子常常被推向两难境地、两个极端：一方面，只要家庭条件稍好，孩子什么样的需要几乎都能得到满足，他们的的确确感受到了父母对他们的爱，这种爱是无条件的；另一方面，对于学习，无论是家长还是老师，他们都要求孩子们无条件地学好。凡事都好商量，只有学习没商量，这无形中变成了两个"无条件"的等价交换。孩子们当然有理由怀疑：父母和老师到底爱不爱我们？客观地说，现在的教育比以往任何时候都重视考试和分数，其结果是大部分的孩子除了学习和考试，什么都不会。这不能不说是一种畸形的教育，畸形的发展。

一个人的发展包括很多方面，有生理的、认知的、情感的、人格的，还有社会性的发展。从心理层面看，我们认为人的发展主要是认知和人格方面的，人们之间的个体差异，也主要表现在能力差异和人格差异两方面。对于绝大多数父母而言，他们都非常注重对孩子能力的培养，因为他们知道，能力不仅关乎孩子的学业成绩、能否考取好的学校，而且还关系到孩子今后的成就以及是否有出息。父母的这种想法并没有什么不妥，其实大多数老师也是这么想的。因此，早期的家庭教育实际上就成了开发智力的教育，学校教育也几乎仅剩下智育（当然还有德育）。我们做个这样的假设，如果将能力和人格看作人的两条腿，那么只有两者都得到平衡发展，走路的时候才会稳当。但实际情况是，家庭和学校将大部分（至少有80%）的精力用于促进能力的发展，人格发展被当成摆设。究其原因，还是一种急功近利的思想在作怪：能力发展了有明显效果，人格发展了近期看不到效果。现实中我们常常看到，一些孩子非常聪明，头脑很灵活，知识面特别广，但很少替别人着想，做事不负责任，显得特别自私，而且还充满盲目的自信。我们认为，这种发展是不正常的。

写这本书的目的，并不是希望去改变什么，而是希望和父母、老师或教育工作者以及那些有志于帮助我们孩子的人分享、交流一些经历、经验及心理学知识，让我们的孩子变得更有个性，更有创造性和想象力，让他们不要有那么大的学习压力，让他们和父母、老师的关系不要变得那么对立，让他们不要在小小的年纪就有那么大的负担。我一直相信，每个人都有学习潜能，只要用心尽力去做，大多数事情我们都能做好。作为父母，我们要以一种理解的眼光去看待孩子，理解他们的成长，更要了解他们的特点；作为老师，我们要以一种信任的眼光去看待学生，理解他们的缺点，更要宽容他们的过错；作为学校，我们不要每天给学生布置那么多的作业，不要动不动就用考试来评价学生，更不能因此将他们分成三六九等。我们的教育少一点作业，我们的学生就多一点个性；我们的教育多一点考试，我们的学生就少一点创造。这就是现实！

陈少华

目录

C O N T E N T S

序　言 ……………………………………………………… 1

第一章　教育怎么了 …………………………………… 2
　一、引言 …………………………………………………… 3
　专栏：面对网络世界，父母还能做什么？ …………… 7
　二、没有思维的教育 …………………………………… 9
　专栏：课堂教学中教师提问的误区与技巧 ………… 10
　三、没有个性的教育 ………………………………… 14
　四、没有创新的教育 ………………………………… 17
　五、没有幸福感的教育 ……………………………… 19
　专栏：幸福的方法——积极心理学大师的建议 …… 21

第二章　人格及其内涵 ……………………………… 23
　一、什么是人格 ……………………………………… 23
　二、人格有何特征 …………………………………… 26
　三、人性、个性和性格 ……………………………… 28
　专栏：心理教育与道德教育 ………………………… 29
　四、人格的结构 ……………………………………… 32
　五、如何判断人格 …………………………………… 34
　专栏：学校情境中老师对学生的人格判断未必准确 …… 36

第三章　人格与健康的关系 ………………………… 39
　一、健康的概念与标准 ……………………………… 39

二、A 型人格与冠心病 ·· 42

专栏：A—B 型人格测试 ·· 44

三、C 型人格与癌症 ·· 46

四、人格与吸烟、酗酒 ·· 47

五、人格障碍是最常见的心理障碍 ······························ 49

专栏：一个逃避型人格障碍的案例 ······························ 51

发展篇

第四章　人格发展的理论 ·· 56

一、弗洛伊德的性心理发展理念 ·································· 56

二、艾里克森的心理社会发展理论 ······························ 62

专栏：做一个敏感的照料者 ···································· 64

三、沙利文的人际关系理论 ······································ 70

专栏：青春期必然是一个心理混乱的阶段吗？ ·················· 74

第五章　人格发展的基本问题 ···································· 76

一、遗传还是环境 ·· 76

专栏：给孩子报各种特长班有必要吗？ ························ 78

二、连续性还是阶段性 ·· 79

三、稳定的还是可塑的 ·· 81

专栏：对童年期自愈力的低估 ·································· 84

四、个性还是共性 ·· 86

第六章　人格发展的具体问题 ···································· 89

一、婴幼儿时期的人格发展 ······································ 90

专栏：你的小孩属于哪种依恋类型？ ·························· 91

二、童年期的人格发展 ·· 98

三、青少年期的人格发展 ·· 106

专栏：青少年"早恋"的九种信号 ·················· 112

第七章　人格发展的影响因素 ·················· 118
　一、遗传和生物学因素的影响 ·················· 118
　专栏：因脑损伤导致的人格巨变 124
　二、环境和教育的影响 126
　专栏：父母教养态度对人格发展的影响 129
　三、人格发展的社会文化因素 134
　专栏：青少年发展中的文化冲突 136
　四、天性与教养的交互作用 137

教育篇

第八章　健全人格的培养 ·················· 140
　一、健全人格的内涵 ·················· 140
　二、健全人格的标准 142
　专栏：自我实现者的特征 145
　三、健全人格的培养 150
　专栏："培养健康心理，塑造健全人格"案例分析 ·········· 155

第九章　人格教育的内容 ·················· 160
　一、自信心的教育 ·················· 160
　专栏：建立自信心的几点建议 169
　二、责任心的培养 170
　三、人际关系教育 179
　四、创造性人格的培养 185
　专栏：学生发散性思维训练教学设计 ·········· 191

第十章　学校情境下的人格教育 ·· 194

　　一、人格教育的原则 ·· 194

　　专栏：父母对学校人格教育的影响 ·································· 197

　　二、人格教育的方法 ·· 198

　　三、人格教育的教学模式 ··· 203

　　专栏：特立独行的夏山学校 ··· 205

参考文献 ·· 211

后　记 ·· 212

基础篇

第一章

教育怎么了

　　大概从 1999 年开始，教育部就着手在全国范围内开展中小学心理健康教育，到现在已经有 16 个年头。如今，在我国的许多大中城市，尤其是经济较为发达的地区，心理健康教育不仅成为一种共识，而且广泛普及。但是，这些年的调查数据却显示，即便在那些心理健康教育已经普及的地区，中小学生出现心理问题的比例仍然在增加，甚至是成比例地增加。人们不禁要问：难道中小学心理健康教育真的无效吗？问题没有那么简单。首先，学生出现心理问题的原因是多方面的，单就环境本身而言，无论是社会的大环境还是每个人生活的小环境，都发生了翻天覆地的变化。例如，十多年前大概不会有人想到通过一部小小的手机就能知天下事，然而，也就是这部能上网的手机让许许多多的父母操碎了心。其次，我们的教育本身出了问题。可以这样说，现在的孩子上学的压力比以往任何时候都要大，现在的学校比以往任何时候都重视分数，现在的教育资源比以往任何时候都更集中。不知不觉中，教育已经偏离了原先的轨道，社会、学校、家庭唯分数至上，学生怎能不出问题？当然，有些因素是我们无法控制的，无论你愿意不愿意，手机互联网都已成为生活中不可缺少的一部分；无论你愿意不愿意，高考都是上大学必须要跨过的一道门槛。但是，在影响学生心理问题的诸多因素中，有一个因素是我们能够控制的，那就是父母怎么对待小孩、老师怎么教导学生。

一、引 言

（一）复旦投毒案的启示

2013年4月，上海复旦大学上海医学院研究生黄洋遭他人投毒后死亡。该案件发生于复旦大学枫林校区中，犯罪嫌疑人为被害人室友林森浩，投毒药品为剧毒化学品N-二甲基亚硝胺。2014年2月18日上午，上海市第二中级人民法院一审宣判，被告人林森浩犯故意杀人罪被判死刑，剥夺政治权利终身。2015年1月8日，上海市高级人民法院终审维持原判：因故意杀人罪被判死刑。

对此，新华社的评论是：

这实在令人扼腕。对法律没有应有的敬畏，缺乏一种对生命的爱惜，缺乏足够的理性才会有如此行为。生命是最可宝贵的，任何理由在生命面前都显得苍白无力。生存和竞争的压力再大，人也应有底线。有外在知识无内在约束，教育应反思。

《人民日报》的评论指出：

培养人才，有知识更要有德性；大学教育，重学术更要重人格。让学生懂得爱、尊重和包容，才能避免悲剧重演。

心理专家郑晓边认为，一些大学生缺乏人际交往能力是近年来高校死伤事件频频出现的一个重要原因，这背后是长期以来相关教育的缺失。无论是学生自身还是学校、社会，都应该尽快亡羊补牢。此外，郑晓边建议，应设置相应的服务机构，对大学生提供危机干预，及时为大学生提供心理疏导方面的帮助。专家的观点道出了问题的直接原因，但不是根本原因。从心理发展的角度讲，一个人的发展是一个连续的过程，从幼儿园到小学，从中学到大学，每一个发展阶段都不可割裂，大学生的问题可以从其中学、小学阶段找到原因，小学生的问题根源于婴幼儿时期。一个人的过去和现在没问题不能代表以后不会有问题，每一个发展阶段都是相互影响的。

尽管这只是发生在大学生身上的个案，但是对于整个教育来说具有很大的警示意义。无论是学校、家庭或社会，都应当进行反思：什么是"人才"？教育应当如何培养人？教育应当培养怎样的人？复旦投毒案中的犯罪嫌疑人林某算不算"人才"？很显然，在案件没有发生前，我们都会觉得他是一个人才。然而现在看来，这样一个高材生连一个平常人都不如，至少对于平常人来说，我们不会以这种极端的方式来解决和同学之间的矛盾，社会不需要这样的"人才"。我们认为，对于教育来说要从两个层面培养人：其一是要将一个人培养成正常的、社会适应能力良好的、对他人和社会没有危害的人；其二是要将一个正常的人培养成优秀的、对他人和社会有贡献的人才。在上述两个层面中，第一个层面比第二个层面更重要，如果跨越了第一个层面，直接将一个人培养成一个"人才"，那就有可能发生"复旦投毒案"这样的悲剧。在教育实践中，无论是学生身上比较普遍的心理问题还是杀人或自杀这样的致命问题，都跟跨越第一个层面来培养人的做法有关。

"复旦投毒案"也警示我们：人格教育比知识传授、能力培养的教育更重要。教书育人是学校教育的职责和目标，但是在实践中，很多时候我们只做到了"教书"，没有真正做到"育人"，因为书教得好不好有明确的指标——考试分数，而人育得好不好则没有这样的指标，这是长期以来教育中的一种急功近利思想。人格教育是一种潜移默化的教育，它渗透于整个人的毕生发展过程，我们不能将人格教育等同于学校的道德教育。很多时候，我们不能只以道德品质来衡量一个人的人格是否健全，正如复旦投毒案中的犯罪嫌疑人林森浩在分析自己的犯罪原因时所提到的那样，他说自己接受了这么多年的教育，却连如何处理好与同学之间的关系、如何化解人际矛盾和冲突这样的琐事都没有学会。试想，一个人不会处理人际关系或社会适应不良还不能说其道德有问题吗？

（二）一位中学毕业生的困惑

当我拿到大学录取通知书时，我猛然觉得这12年的寒窗苦读换来的除了一张通知书外，似乎什么都没有——没有朋友，没有刻骨铭心的体验，没有美好的回忆，没有对生活的热情，没有稳定而深刻的兴趣爱好。除了无奈地"喜欢"数理化英等高考课程外，简直都忘了国歌是怎么唱的了。

这是千千万万个中学毕业生的困惑，12年的求学生涯留下来的记忆是一片空白，这不知道是学校教育的悲哀还是无奈。我经常在想，30多年前我上小学和中学的那会儿不至于是这样的情形，现在还保留着许多美好的回忆。那时候也要上学，也要考试，还要干很多很多农活，在学校每周还有半天的劳动课，现在想来那是一周当中最幸福的半天。我觉得那种教育才真的体现了德、智、体、美、劳全面发展。30多年前，农村的生活非常贫苦，甚至连饭都没法吃饱，但就是在那样一种生活环境中，种田的有盼头，读书的有期望，每天都过得很踏实，人与人之间和睦相处，到处都充满了友情和亲情。30多年前，学生不会感觉到有做不完的作业和考试，因为那时候除了在学校有时间做作业外，回到家根本不可能有做作业的时间与条件，家里连像样的桌椅和油灯都没有。那时候，父母没有那么多的时间来关心你的学习和考试，说得好听些，只要不留级就满足了，压根儿就没指望着自己的孩子能考上大学。

这30多年来，教育主管部门天天在喊给学生减负，教育改革改了这么多年，学生的负担越来越重，老师的压力越来越大，家长的怨言越来越多，似乎举国上下都看不到教育的希望。这些年来，跟教育有关的报道和评论不计其数，一些负面的新闻也举不胜举，但旧有的教育模式依旧没多少改变。记得上学的那会儿听都没听过"心理问题"这个词，我分析这其中的原因大概有二：其一，那时候的学生确实没有心理问题，一方面跟客观环境有关，那时候没有网络，没有手机，没有电脑，甚至连电视机都没有，同学之间只要有空就会在一起游戏，而且都是一些文体类的游戏，一些游戏的工具或玩具都是自己手工制作的，在这样的环境中很少会有心理问题；另一方面跟社会环境有关，那时候绝大部分同学都没有感受到那么大的压力，做老师的也没有多大的升学压力。其二，那时候的学生没有"机会"出现心理问题，他们在学校上课的时候忙着听课（也包括做小动作），下课的时候要抓紧时间疯狂地玩，回到家得老老实实干农活，怎么可能有"机会"产生心理问题。

如今，互联网可谓无所不包、无孔不入，它对于青少年儿童的影响当然是不言而喻的。当网络成为现实生活不可缺少的一部分的时候，如何趋利避害成为家庭和学校教育的重要内容。心理专家指出，父母必须采取一些切实有效的措施帮助孩子们在网络空间找到方向，以积极和相互尊重的方式参与网络互动。

专栏

面对网络世界，父母还能做什么？

（1）对孩子正在使用的新技术表现出积极的兴趣。如果你没有自己的网络账号，注册一个，然后试试对隐私的设置。确定你的孩子设置的是最大限度的隐私保护。很多年轻人已经想出了屏蔽某些人（爸爸和妈妈）、不让他们看到自己个人内容的方法。这会是个挑战，这也是你需要在关于安全和底线的话题上跟你的孩子保持畅通交流的原因。

（2）了解规则。你的孩子要超过13岁才可以到社交网站上注册账号。他们也许会因此觉得自己跟不上潮流，但是如果我们做父母的在这个问题上强硬一些，我们就能帮助彼此完成这个任务。跟你的朋友们谈谈，让他们也这么做。

（3）安装一个过滤网页的装置，同时把电脑摆放在家里的公共区域。现在还没有要求ISP（网络内容服务提供商）在它们的源头进行内容过滤，所以我们得自己想办法在家里做这件事。

（4）对使用社交媒体的时间做出限制规定。每天24小时在线对生活没什么好处。最重要的是在睡前不要接触电子屏幕，以保障良好的睡眠。

（5）保证你和孩子之间的沟通渠道畅通，这样如果孩子看到网络上有什么让他们郁闷的信息，他（她）不会羞于跟你探讨。如果你怀疑孩子在看什么有害的网站，要跟他（她）提出来，并进行干预。

（6）努力跟你的孩子保持密切联系。与父母间紧密的联系能降低青少年做出危险行为的风险。

（7）了解法律。通过电话或网络进行威胁或骚扰，并对他人造成伤亡的人会面临犯罪指控。

（8）为大环境的改善做出积极的努力。全世界的专家都认为我们已经创造了一个有毒的媒体环境，所以我们现在需要对它进行净化，创造一个更加友爱、尊重、对孩子们友好的环境，以适应孩子们的成长。

引自：［澳］史蒂夫·比达尔夫. 养育女孩. 钟煜译. 北京：中信出版社，2014. 186～187.

我一直以为，心理问题一是跟客观环境有关，二是跟个人因素有关。客观环境有时候很难改变，比如学校的考试和升学压力、父母的期望、网络媒体的影响等，但是个人因素在某种程度上可以控制，至少可以去调整和改变。一个学生在学校如果除了读书还是读书，回到家里除了做作业就是练钢琴，这种单调的生活怎么可能不出问题。现实中有的孩子确实就是这样。看看我们的学校教育，除了那些要考试尤其是要高考的科目，学生还能学什么？小学的时候可能还会有音乐、体育、美术，到了中学的时候几乎都取消了，更不用说上什么劳动课了。而且，有些学校怕上体育课时学生出现意外，甚至把体育课搬到教室里面上。这是一种因噎废食的教育，学生怎么可能不会有心理问题？生活中有酸甜苦辣不同的滋味，情感上有喜怒哀乐不同的体验，剥夺任何一种都会导致问题。对于一个成长中的学生来说，任何一种体验都是必不可少的，体验越多，心理越健康、人格越健全，这一点，教育者应该好好反思。

二、没有思维的教育

（一）审视传统教育

传统教育的特点在于强调教师在教学过程中的主导作用，忽视学生的主体参与；强调教材、课本内容在学生知识、经验积累中的强势地位，强调教材、书本知识的绝对正确性和权威性，不重视学生自身的自主体验；强调受教育者的统一性，忽视学生作为不同个体所具有的差异性。在培养学生思维能力的同时也导致多种思维定式，所谓思维定式，是指由于先前的思维活动而造成的一种对后继思维活动的特殊心理准备或反应倾向，它使人的思维循着某种习惯了的近乎达到自动化的思路进行。例如：

其一，由教师中心而造成思维中的权威定式。对话、交流与思考应当成为当前及今后不断创新的人们必然选择的一种生存方式。

其二，由书本中心而造成思维中的唯书本定式。"见境—入境—抒情—升华—点题"，是杨朔散文的特点，而重复、简单化、模式化却是思维能力和创造力培养的最大障碍。

其三，强调统一性、忽视个性而造成思维中的从众定式。我们的教育常常为生产出听话、顺从、遵守纪律和规则的"产品"而自豪，却不知因此而"制造"了多少缺乏个性与独立性、失去灵性和活力的孩子。

（二）质疑标准化考试

1. "像收音机那样说话"

《北京文学》发表的《女儿的作业》，从一位小学生家长的角度揭示了我国目前的教育考试中由标准答案之"标准"唯一而引发的问题；而《中国青年报》发表的《10除以5，得多少？》的文章，讲的就是标准答案在数学考试中的境遇。在课堂上，学生不需要思考，只要应付着老师的"是不是""对不对"就行了，千篇一律的齐声读渗透到每一门学科，就连数学题的要求也是齐声朗读。

2. 问题意识的失落

问题意识是指学生面临需要解决的问题时的一种清醒、自觉，并伴之以强烈的困惑、疑虑以及想要去探究的内心状态。对于学生而言，记忆力的确发挥了比思维能力更重要的作用，但是记忆力的暂时发达却以独立思考能力、想象力、推理能力的下降为代价。对于我们的学生而言，什么都可以不好，唯独记忆力要好，记忆力不行，学习成绩肯定不行。如果说我们的教育对学生有什么促进的话，那就是提高了他们的记忆力，但同时却损害了他们的思维能力，因为这种"去问题"的教育同时也将他们的思维能力去掉了。

1. 教师提问的误区

误区一：问题设计多囿于教材。教师设计问题时较注重解决知与不知、懂与不懂的问题，而忽视了学生对教材的认知过程，忽视了学生的动机、需要、体验和获得；在操作时往往只注重对教材的分析，而忽视学生活跃的想象、真切的体验，以及会心的鉴赏。

误区二：单句直问是主要形式。问题直线指向需获得的答案结果，学生对此类提问可以直接做出回答。所提问题往往由于没有铺垫、没有变式、没有思路启发与太过刚性而缺乏趣味，在激发学生兴趣与启智性方面存在明显不足。

误区三：问题浅与偏的现象较为突出。表现在：其一，教师不在关键内容处提问；其二，提问不重视语言实际意义的理解、揣摩、体验、感悟，而偏重于抽象语言理论知识的教学；其三，提问违背了学习的规律，造成学习无序、方法错位。

误区四：急于获得结论。教师很少有关于这个问题该如何解决的思路、内容和方法等方面的启发、点拨与师生对话。"大量的转问""让优生回答""忽视学生的答案""标准化要求"等都是急于获得结论的表现。

误区五：过分关注教学进度。教师在教学时，只关注自己的教学内容、教学进度，关注如何顺利完成教学任务，以及如何在最短时间内获得自己所期望的结论，从而忽视了学习的主体——学生的认知需求、思维能力和心理情感。

误区六：提问过多。教师在课堂上过多地提问、分析、讲解，占去了学生读书、思考、作业以及体验、积累、运用语言的大量时间，学生追索答案的过程，应该是一个读书、思考、作业、讨论的过程，是一个"学"的过程。

2. 教师提问的技巧

（1）所提出的问题是否有适当的难度？教师在课堂

上所提的问题可以分为两类：一类是事实的问题，另一类是思考的问题。事实的问题强调的是对具体事实或信息的回忆，只需用"是"或"否"来回答；思考的问题往往包括想象、判断、评价、推理等复杂的心理过程以及知识的重新组合等。

（2）所提出的问题是否针对了具体的学生？每一个不同的问题，选择哪些学生进行回答，教师应事先有一个大概的意向。问题的难易程度和学生的发展水平之间存在一个适宜度的问题，教师提问时需要考虑问题的辐射面和提问对象的辐射面，不能总是提难度过高或过低的问题，也不能总是提问少数几个学生。

（3）学生对问题应答之后是否有必要的反馈？在课堂提问中，教师应始终注意保护学生的自尊心和自信心，对勇于回答和回答正确的学生给予表扬，对回答错误的学生给予鼓励，一定要避免当众羞辱、嘲讽和挖苦学生。

（4）所提出的问题是否真实？真实的问题总是能够引起争议，凡不能引起争议的问题即为假问题。真实的问题应该达到这样的目的：提问使问题能够持续地发展下去，成为学生继续讨论和不断追问的原动力。

3. 不敢"想象"

我们的教育和考试根本不鼓励充满想象力的答案。学生为了寻找答案不得不努力去适应统一的考试模式，从而不敢想象、不敢超出常规，最终形成统一的思维模式。标准答案使学生接受了"标准"知识，却付出了学生不敢自由"想象"的代价。有个国外的专家为了了解中国学生的想象力如何，给学生做了个简单的测试：他在幼儿园的黑板上画了个"O"，问小朋友想到了什么，几乎所有的小朋友都争先恐后地一口气讲出了几十个答案；专家在大学的黑板上同样画了个"O"，问大学生想到了什么。结果没有一个大学生敢讲，专家不得不请一个大学生来讲，结果这个大学生想了半天憋出了一句话："这好像是个字母'O'。"

4. 拒绝"创造"

关于中国教育的创造性，钱理群教授的概括非常精辟："这将是怎样的'人才'呢？他们有一种很强的能力，能够正确（无误）、准确（无偏差）地理解'他者'（这个'他者'在学校里是老师、校长，在考试中是考官，在社会上就是上级、长官）的意图、要求；然后把它化作自己的意图与要求，如果做不到，也能自觉压抑自己不同于'他者'要求的一切想法，然后正确、准确、周密地，甚至是不无机械、死板地贯彻执行，所谓一切'照章办事'。这样的人才，正是循规蹈矩的标准化、规范化的官员、技术人员与职员。他们能够提供现代国家与公司所要求的效率，其优越性是明显的；但其人格缺陷也同样明显：一无思想，二无创造，不过是能干的奴隶与机械的工具。"

（三）知识、思维与学习

知识与思维分别代表着人类思想的两个方面：知识就是对某种已经存在、已经决定过的事情的了解和"知道"，因而知识是没有自由的；而思维则是创造，是对尚未发生的事情做出决定，因而思维是自由的。思维能力的高低，一定程度上取决于主体的知识结构和文化背景，个体拥有的知识经验是他思考问题、解决问题的基础。专家和新手之所以产生明显的差距，是因为专家与新手拥有的专业知识在质和量上都存在重大差异，事先积累起来的丰富的专业知识在思维过程中起着关键的作用。

联想集团前任总裁柳传志说过，一个人的"归纳总结能力最重要"，这是一种学习能力，就是看他能否在所做过的事情中提炼出最精炼的部分、总结出规律性的东西。学习能力和总结能力主要靠悟性、靠启发，是无法用考试来检验的。学生在学习过程中大致有三种收获：一是获得各种知识技能；二是获得学习方法、思维方法；三是学会设计自己，知道自己将来要干什么、分几步走。教育尤其应重视对后两种能力的培养，不能把学习仅仅看成是获得某种知识、技能的手段。中科院院士刘光鼎强调，学生最"重要的是学会学习"。他建议学校：

第一，课程不要太多、太满，基础教育的目的之一就是要让学生学会学习，就是要培养他们不断学习的能力和通达的眼界、心胸，明白事理而不陷入琐碎的事情。

第二，对老师的要求要高，当老师的最重要的是要给学生讲普遍性、规律性的东西，讲要领、方法，把知识框架搭起来，然后引导学生领会和发挥。

第三，学校可以开设一门课程，给学生讲授科学方法和科学思维，从科学家创新的原始状态与轨迹讲起，告诉学生各科学习的方法、规律。

三、没有个性的教育

学生从入学起，老师连同课程要求他们的，是高度集中、统一的标准，即学有学的规矩，玩有玩的章法，过不了多久，连朗读课文的节奏、调子都一模一样了。上幼儿园小班时，老师要花大半个学期的时间进行纪律教育，为的是便于管教。有一次我看到一个幼儿园的老师带着一群三四岁的小朋友到户外活动，小朋友整齐地排着队一个紧跟一个地喊着"1、2，1、2"的口号，突然，有个小朋友可能是被路边的一只青蛙吸引了，本能地离开了队伍，因此整个队形就不那么整齐了。这时候，只见幼儿园的老师大声向那位小朋友吼道："滚回去！"好像那位小朋友犯了天大的错误一样。上小学的时候，老师又要花上一两个月的时间进行入学行为规范教育，包括坐和站的姿势、举手回答问题的规则等方方面面，无所不包。在这种教育模式下，学生怎么可能有个性，怎么可能敢表现？难怪等到他们上大学的时候已经没有几个学生举手回答问题了。学校无视学生的个性差异和创造力，最重要的原因在于我们的教育与教育工作者没有真正形成尊重和发展学生个性差异的自觉性和意识，不懂得富有特色的思想、新奇大胆的创意、特立独行的主张等都将生成来日之创造，发展思维之源泉。

几年前拍的一部反映中国教育现状的电视纪录片《教育能改变吗?》在国内引起了巨大反响，该片通过对来自中国民间鲜活教育个案的展示，呼吁树立"育人为本"的教育价值观，包括"起跑线上""学习革命""公平之惑""高考变局""大学危机""再度出发"共六集。例如，第一集"起跑线上"，片中指出，当下的中国基础教育，最蛊惑人心的一句话莫过于"不要让孩子输在起跑线上"。为了在起跑线上领先，孩子们苦不堪言、家长们疲于奔命。在中国，教育犹如一条环环相扣的"生物链"，"生物链"的最高端就是大学，从这个终点开始，一环一环向前逼近。于是，压力从高中、初中，一直漫延到小学，甚至幼儿园。所有的教育历程，仿佛都成了高考的"预备班"。对比国际上教育领先的国家，中国教育正在走向世界潮流的反面。这场"起跑线上"的战争值得深思。

影片中深刻鲜明地呈现了糟糕的教育现状，比如学生的学业负担越减越重，由原先的单肩书包变为双肩书包，直至现在的拉杆书包，一个个上学的学生整得像空姐似的，既令人感到别扭又让人觉得悲哀；家长的浮躁心态愈演愈烈，由起初的疯狂购买复习资料到逼学生上加强提高班，直至现在的小学阶段就让学生参加五花八门的文艺特长培训，理由冠冕堂皇——不让孩子输在起跑线上。素质教育提倡了这么多年，依然是徒有其表，未得其旨。处在教育食物链最高端的高考，年复一年地挥舞着冷酷无情的指挥棒，无形中操纵着教育的形形色色、方方面面，包括学生、家长、教师、领导在内的所有人都不由自主地投入到了畸形、惨烈的教育竞技场。难怪有知名人士无奈感言：学生的五官看起来都是齐整的，组合在一起却非常可怕，他们的眼睛都是不动的。僵化的教育模式教出来的学生个个如同木偶。

目前，我国大部分地区的教育仍然捧着"应试"的"金字招牌"，对孩子实行"提前教育"：幼儿园时教小学的内容、小学时教中学的内容、中学时教大学的内容。虽然许多人都知道这种"提前教育"是在增加孩子的负担，可谁叫这些用处不大的知识能决定孩子的一辈子呢？命运总是如此被捉弄着，学生总是被"拔苗助长"，该拥有的童年欢乐没了，该享受的青春时光完了，难怪许多国外的教育家和访问团说中国的孩子没有纯真的笑容，说中国的年轻人没有应有的朝气。殊不知，那是我们的教育出了问题。

两千多年前的大教育家孔子就曾说过：有教无类，因材施教。为什么到了今天，我们的教育却像工厂的流水线一样培养孩子呢？孩子们都从一个模子中培养"生产"出来，于社会的发展何用？于孩子的成长何益？应试教育早已完成了它的历史使命，理应迅速地退出舞台，素质教育应该真正施展拳脚，打出一片绚丽多彩的天地。教育的改变，首先是教育观念的转变，其次是教育体制的改革。教育不能只培养会学习和考试的"机器"，而是应当培养有个性、有创造性的心智健全的人，否则就是本末倒置。

四、没有创新的教育

有位中科院院士曾应媒体要求总结改革开放以来中国教育最大的失败在哪，该院士毫不犹豫地回答道："没有创造！"没有创造，当然不会有创新，教育没有创新，国家也不会有发展。用分数和升学率来衡量一切的教育怎么可能会有创新。做学生的规规矩矩，做老师的不苟言笑；课堂沉重乏味，学校大门紧锁。我们用一套成型的思维去塑造我们的孩子，结果所有学生都被训练出了固定的解题模式，他们几乎没有自己的观点。正是这种"唯考试分数论"的制度扼杀了中国人的创新精神。爱因斯坦说：用专业知识教育人是不够的。通过专业教育，他可以成为一种有用的机器，但是不能成为一个和谐发展的人，要使学生对价值有所理解并且产生热忱的感情，那是最基本的，他们必须获得对美和道德的认识。

"学习的革命"是一句喊了几十年的口号，从小学到中学、大学，填鸭式的教学方法已经并正在扼杀学生的想象力、创造力。在教学方法、教学内容都被应试教育牢牢主宰的局面之下，中国学校想要重建一套完整的学生评价和奖励体系也变得异常艰难。可以说应试教育培养的学生不但称不上"人才"，就连"有用的机器"也算不上，顶多是一种"考试的机器"。在我们的学校，"音、体、美"

都是副科，老师可以不上，学生可以不听，唯有考试的科目才是最重要的。我们的学生每天都得面临繁重的家庭作业，缺乏自主思考的时间与空间，创新能力也因此被阻滞。

教育的本质是培养人，促进人的自由发展。教育学家们早就说过，教育的目标不是别的，而是培养自然人，任何企图将知识和品德要求强加到学生身上的行为都将动摇培养人的个性品质的基础。我们的教师认为是为孩子的未来着想、为孩子安排好一切，其实正是这种外在的强制干涉毁掉了人类美丽的花朵——创新。无论是小学还是大学，学校的管理模式都千篇一律，曾几何时，在中国有一批享誉中外的名牌学校，而今为何在数量众多的各级各类学校中却极少有突出个性特色的学校？改革开放至今，为何大洋彼岸的美国培育了 40 多位诺贝尔奖获得者和近两百位知识型亿万富翁，而在中国诺贝尔奖获得者却寥寥无几？据新华网报道，在中国核准的发明专利中，来自国外的申请占 82%，且技术含量较高；来自国内的专利申请只占 18%，且技术含量较低。作为培养科研人才的教育机构难道就没有一点责任吗？这一切只说明了一个事实，那就是我们的教育已失去了创新的灵魂。教育要创新，必须摒弃陈旧的教育观念，改变落后的教学思想，树立以人为本的理念：

1. 倡导以学生为中心的发现学习

发现学习是指学习者通过自己的观察和探索、实验和思考，认识问题情境或事物之间的各种关系，找到问题答案的过程。教师通过加强对比，要求学生做有意义的猜测，鼓励积极参与，唤起对问题解决过程的认识等促进发现。培养学生的创新能力，就是要学生能够进行创造性的思考，不仅会解决所给的问题，而且还要自己发现新问题；不仅掌握知识，还要理解知识获得的过程。

2. 适度的心理安全和心理自由

心理安全是感到自己在被人承认、信任和理解，在受到别人尊重时的一种心理感受；心理自由则是指意识到自己是自我的主人，可以自主地决定自己行为的一种心理状态。教育的主要目的在于让学生的智力和创造性得到发展，而不是仅仅让他们积累知识。心理安全和心理自由是培养学生独立人格、促使其创造性潜能充分发挥的前提和保障。

3. 尊重、培养学生的独立人格

创造性首先强调的是人格，而不是其成就。个体的成就是人格放射出来的副现象，因此相对于人格而言，成就是第二位的。"自我实现的创造性强调的是性格上的品质，如大胆、勇敢、自由、自主性、明晰、整合、自我认可，即一切能够造成这种普遍化的自我实现创造性的东西，或者说是强调创造性的态度、创造性的人。"（马斯洛，1987）

五、没有幸福感的教育

如果问我们的学生在学校过得开心、幸福吗？可能做出肯定回答的不会超过 1%。只要看看学校开学和放假时候学生们的表情就知道答案了。一直以为现在的孩子都特别幸福，每天看上去都无忧无虑，但其实并不是我们看到的那样，更不是我们想象的那样。我不止一次地问我的小孩同样的问题："你在学校开心吗？"她每次都作相同的回答："如果学校没有那么多的作业和考试，如果老师没有那么多的要求和批评，那就会很开心。"我觉得她跟我讲的一定是心里话，她也经常问我一个问题："为什么学校不能上两天的课而休息五天呢？那样该有多幸福呀！"我觉得她讲的是对的，我们的小孩在学校为什么要学那么多东西呢？这些学来的东西又有多少对他们是有用的呢？如果学校教育给学生带来的只是压力和痛苦，那我们还需要这样的教育干什么呢？有人说，最早创建学校的人是为了将人类从蒙昧的黑暗带入知识的光明与快乐的殿堂，然而现在我们的教育却是把学生带入缺少快乐与不堪重负的境地。

现实生活中，大部分学生都生活在一种幸福缺失、匮乏的环境中，应试教育、学业压力、家庭关注、社会舆论、生态环境等，无不影响着学生的幸福生活。幸福需要教育，而又不是那种直接的、单纯的说教，幸福不能通过直接朝向它的方式来实现。为此，我们需要的是一种为了幸福、面向幸福的教育，这就要求我们要理解学生，理解他们偶尔表现出来的异常举动，去帮助他们理解有关幸福的困惑和难题。教师要在教育教学过程中关爱自己的学生，并引导他们去关爱环境、关爱动物、关爱他人、关爱自我；规范他们的言行，提高他们的修养，丰富他们的知识，让他们体会学习的快乐。我们需要多给学生一些指导和陪伴，我们需要有欣赏的眼光、微笑的面容、智慧的头脑和宽容的心。

如何提升我们的幸福感？以下是来自美国积极心理学大师马丁·塞利格曼的建议：

（1）找出你身上最突出的五个长处，也许是好奇心或总是积极尝试一些新体验，以及慷慨或亲切，然后尽量在日常生活中扬长避短。

（2）每天晚上把当天发生在你身上的三件好事记下来。

（3）连续两周，每晚写下你的生活中最感动的五件事。

（4）回忆所有曾经帮助过你，而你却从来没有好好感谢过的人。给他们写封信、打个电话，或者最好是去见见他们，然后表达你的谢意。

（5）每天至少一次，用热情积极的态度去回应别人。

（6）安排一天时间只做你想做的事。预先计划这一天的丰富活动，这样你可以更好地利用每一分钟。

（7）将全部注意力都集中在当前正在运用的感官上，仔细品味快乐的时刻，并尽量延长快乐感。跟朋友分享你的快乐，留下纪念。

（8）找出能够投入其中的事情，然后尽量多做这些活动。

引自：［英］丹尼尔·弗里曼，贾森·弗里曼．别偷懒，你要学点心理学．金笙译．北京：中信出版社，2012.148.

专栏

幸福的方法——积极心理学大师的建议

教育的目标是要促进一个人健康快乐地成长，每个人都有权利追求幸福的生活，尽管学习过程中不可能总是快乐幸福的，但也不可能总是让人感觉恐惧、痛苦。一个学生那么怕老师、怕学校，必定是老师和学校对他做了让他感到害怕的事情。快乐课堂、快乐学校对于很多学生而言是一种奢求，他们只是希望少一点作业、少一点批评就可以了，这种要求我觉得不算过分。作为一名大学老师和一个经历过中小学阶段的人，我经常问自己："我们的孩子是否有必要学那么多？"很多人像我一样，小时候连幼儿园都没上过，父母连看管小孩的时间都没有，更谈不上有多好的家庭教育，但所有这些并不影响我成为一名老师。我一直相信，每个人都有巨大的学习潜能，教育的目的是要去挖掘这种潜能，老师是要去教学生如何学会学习，而不是要灌输给他们那么多的东西。

我经常听朋友提及美国的教育尤其是小学教育，说他们的小孩多么幸福，他们每天不用那么早到学校，没有那么重的书包，没有那么严格的课堂纪律，没有那么多的知识要掌握，没有那么多的考试和测验，更没有那么多的家庭作业带回家。他们在学校有自己的自由，有自我支配的时间，能选择自己的兴趣爱好，能主动做自己想做的事情。在这样的教育环境中，他们感受到的是幸福而不是压力，是快乐而不是痛苦。经常有人将中国的学校和美国的学校相比，尽管孰优孰劣我们不能简单地做评价，但我们看到的事实是：世界上最好的大学在美国。我们的小孩从小就背着一个沉重的"包袱"在跑，开始还能跑得动，到了后面，力气都被榨干了，哪里还能跑呀？走得动就不错了。在这里，我并没有贬低自己抬高他人的意思，我只是觉得有必要借鉴一下别人好的做法，让我们的孩子不至于学得那么痛苦，不至于让他们感受到太大的压力。

第二章

人格及其内涵

一、什么是人格

按照汉语词典的解释,人格有三种含义:①个人的道德品质;②人的气质、能力、性格等特征的总和;③人作为权利、义务主体的资格。可见,从汉语的角度讲,人格或多或少与道德有关联,人格教育有时被当成道德教育。但是,从心理学的角度分析,人格是个相对中性的概念,每个人都有人格,因为每个人都与众不同。在这里,人格主要是指人的独特性。以下我们从三位心理学家的角度来了解人格的内涵。

从词的来源分析,人格(personality)一词源于古希腊语"persona",意指古希腊戏剧中演员所戴的面具,它代表了演员在戏里所扮演的角色和身份,相当于我国京剧表演中应剧情需要所画的脸谱。但是问题在于,面具后面是什么或者是谁。这就暗示了一个人有两面:公开可见的一面及隐藏于面具后不为人知的一面。沿着这一思路,瑞士精神分析学家卡尔·荣格(Carl Jung,1875—1961)指出,人格应该包含两个层面:一层是人格的表层,即"人格面具",意指一个人按照别人希望他那样去做的方式行事,也就是角色扮演,这是人格中可以向别人展示的那一部分。比如说,作为一位老师,就应该按照老师的要求规范自己的言行举止，而且我们也愿意让别人知道自己是一位老师。这是人格中自己和别人能够感受到的那部分，也是愿意向别人展示的那部分。人格的另一层是指人格的深层，即"真实的自我"，意指一个人由于某种原因不愿意向别人展示的人格成分，其中包含了人性中的阴暗面或兽性面。自打出生的那天起，我们就带着各种各样的本能和欲望来到这个世界，这一点人类和动物没有本质区别。但是，在现实生活中，社会的规则规范、法律法规、伦理道德等无时无刻不在规范和约束着我们，使得我们不敢表现、不能表现，因此很多时候要将这些本能和欲望压抑到潜意识中，不让别人知道，甚至连自己也不知道。日常用语中，人格通常是指第一层含义，即他人的看法或个体的名声，这是一个人被他人描述的特有方式。

荣格对人格的看法代表了早期心理学家尤其是精神分析学家的观点，比较深奥，难以操作。对于大多数人而言，潜意识不容易理解，深层次的人格也就很难把握。20世纪90年代，美国心理学家普汶（Lawrence A. Pervin，1995）对人格的内涵做了更为细致的解释，他认为人格是个体认知、情感及行为过程的复杂组织，它赋予个人生活的倾向性和一致性，人格包含了过去的影响、对现在的解释以及对未来的建构。这一界定可以从三方面理解：其一，人格包含了许多结构，如认知观念（即一个人的想法）、情绪和情感反应、行为表现等。正因为如此，我们可以通过分析一个人的想法去了解一个人的人格，通过观察一个人的情绪稳定性来判断其人格（人格心理学家将情绪作为人格的核心结构，大部分人格障碍都表现为情绪反应不稳定及消极情绪体验）。此外，我们还可以根据一个人的行为表现来推断其人格，例如看到一个人经常喋喋不休，你会认为这是个外向的人；反之，看到一个人经常沉默寡言，你会觉得这是个内向的人。其二，人格让我们的生活带有倾向性和一致性，一个人倾向或习惯于做什么不做什么，往往与其人格特征有关。一个有责任心的人在他（她）还没有做（为人处事）之前就会考虑如何为自己的行为承担责任，而且不论在什么时候以及在什么场合下都是如此。其三，人格是过去、现在和将来三个时间段的统一体，它是一个连续的发展过程，我们不能将这三个时间段割裂开来理解人格。然而，人格心理学家对于上述三个时间强调的重点不一样，精神分析学家弗洛伊德（Sigmund Freud，1856—1939）认为过去的影响（童年期经历）是人格形成和发展的关键，人本主义大师马斯洛（Abraham Maslow，1908—1970）关注的是"此时此地"，社会认知学习理论家班杜拉（Albert Bandura，1925—　）则认为，一个人对未来的预期或信念决定了他当前的表现。

另一位美国心理学家伯格（Jerry M. Burger，2010）则认为，人格是稳定的行为方式、内部过程以及发生在个体身上的人际过程。稳定的行为方式指的是个体差异，我们可以在不同时间、不同情境下来考察这些稳定的行为方式，例如一个腼腆害羞的人，今天是腼腆害羞的，明天还是腼腆害羞的；一个焦虑紧张的人，不只在重要场合容易焦虑紧张，在一般场合也容易产生焦虑紧张的情绪。内部过程是指从人的内心发生，影响着人怎样行为、怎样感觉的所有情绪、动机和认知过程，这一过程我们只能从外部行为表现来推断，换言之，人们看不见一个人的人格。最后，"发生在个体身上的人际过程"强调的是人际关系和人际互动对于人格的重要性，从发展的角度看，一个人的成长离不开他人及其周围的环境，人格发展总是体现在"人—

环境—人"这种三位一体的关系中。由此我们可以这样认为，一个人发展得好，得益于他的环境以及他周围的人（如父母）好；反之，一个人的人格有问题，很可能是源于环境（教育）的问题或周围人的问题。有人说，一个有问题的小孩背后必定有一个有问题的家庭或父母，这话不无道理。因此，要让我们的孩子健康成长，必须营造一种良好的（人际）环境，父母必须从我做起，以身作则。

二、人格有何特征

1. 人格是一类概念的综合体

如果说个体之间的差异可以分为智力和人格两个方面的话，那么人格这种个体差异比智力要复杂得多。尽管智力有各种各样的形态，也包含许许多多的结构，但其本质都是决定活动效率的那个东西，而且可以相对客观地测量。人格则不同，它并非一个单一的概念，而是一类概念的综合体，既包括需要、动机和特质单元，也包括认知、情感和行为系统；既包括一个人的态度和看法，也包括他的信念与价值观。正因为如此，研究者才将人格视为一个复杂的组织或系统，心理学家对于人格的看法也莫衷一是。

2. 人格是一种具有动力性的组织

一个人做出某种行为或从事某种活动需要人格的推动作用。人格的动力性是由其构成的单元如需要、动机等决定的。按照马斯洛的需要层次论，个体从出生到成熟，其需要从低级的生理需要到高级的自我实现，需要满足的过程实则是人格形成和发展的过程，已形成的人格反过来又促使个体追求更高一级的需要。从某种意义上讲，我们要理解一个人行为背后的原因，最有效的方法就是了解他的需要、动机、信念、价值观，这些便构成了他的人格。

3. 人格具有相对的稳定性和一致性

人格心理学家一致认为：一方面，人格在跨时间方面具有相对的稳定性，一个人过去是内向的，现在也会是内向的，将来仍有可能是内向的，这种内向一般不会随着时间的变化而改变。值得一提的是，这种稳定性只能是相对的，在某种条件下（如重大的生活事件），人格有变化的可能性。例如，对于年幼儿童来讲，类似于家庭暴力或父母离异这样的生活事件很可能改变其人格。另一方面，人格在跨情境方面具有一致性。内向的人不只在陌生的场合不喜欢讲话，在很多熟悉的场合如学校或家里也不喜欢讲话，亦即他的这种沉默寡言是一贯的。当然，内向的人偶尔也有健谈的时候（如遇到多年的好友），但这并不意味着他变得外向了，因为判断一个人的人格主要是看他一贯的表现。

4. 人格是普遍性与独特性的统一

记得有一位心理学家这样概括过人与人之间的相同和不同：我们和所有的人都一样；我们和有些人一样，和另一些人不一样；我们和任何人都不一样。这三句话精辟地解释了人格的普遍性与独特性。第一句话中，我们每个人在许多方面都一样，这是由人的本质和社会化的要求共同决定的。第二句话的意思是指我们和某些人相似，例如，有些人喜爱社交、喜欢参加聚会；另一些人则喜欢安静、独处和看书；一些人具有高自尊，过着不太焦虑的生活，另一些人则经常感到孤独和被自我怀疑所困扰。这些就是个体差异的维度，是个人与其他某些人相似的方面。第三句话的意思是指我们每个人都是独一无二、不可替代的。研究表明，即使是那些生活在同一个家庭中的同卵双胞胎，他们之间的人格也不可能一样。我们认为，独特性是人格的核心，是一个人成为他自己的最本质的特征。无论是什么样的教育，首先应该尊重一个人的独特性。

三、人性、个性和性格

分析完了人格，我们再来看看和人格有关的几个概念。首先是关于人性这个概念，按照字面意思理解，人性（Human Nature）即"人类的本性"，是指人类最接近自然、真实的一面，亦即几乎每个人都具备的、人类作为一个物种所拥有的典型的人格特质和机制。人性起初是哲学家们关注的问题，19 世纪末心理学从哲学中分离出来后，人性自然成为心理学家们不可回避的问题之一。如弗洛伊德将人性等同于动物性，而马斯洛则认为人的本性是善良的，诸如此类的观点与哲学家的观点如出一辙。与人格不同的是，无论对人性持怎样的观点，我们都不可能将其做量化研究，而只能是在理论层面进行探讨。人格则不同，我们可以对人格的某些方面如人格特质进行客观的测量，当代人格心理学家已制作了大量的人格测试工具，并在现实中产生了广泛的应用价值。

其次，我们来分析一下个性这个概念。这是最容易与人格混淆的一个概念。新中国成立后相当长一段时期的心理学都是向苏联学习，包括教材中的一些理论和概念（如能力、个性、性格等），到了 20 世纪八九十年代以后，尽管西方心理学的影响越来越大，但有些概念仍在使用。笔者认为，个性是一个内容特别广泛的通俗概念，简单理解就是个体差异性，是指一个人区别于他人的独特的整体面貌，这种差异性既包括外在的（如相貌），也包括内在的（如特质）。我们平时讲某个人有个性，实际上是指这个人看上去与众不同。事实上，每个人都有自己的个性，因为每个人都与众不同。如果要对个性与人格作出区分，我们认为个性中包含了人格，人格相当于个性中那些内在而又稳定的特征。

最后来看看性格这个概念，这也是教育中最常用的一个概念，人们习惯于用性格来概括一个人的真实面貌。按照国内一些心理学专家的观点，性格是指一个人完成活动的态度和行为方式方面的特征，或指个人的品行、道德和风格。这些特征大概类似于人格当中后天教育形成的那一部分，它跟一个人的道德品质或品性密切相关。正因为如此，性格有良好与不良之分，教育的目的是要培养良好的性格特征，这一点与学校德育的目标是一致的。与此相对，人格中还有先天遗传的那部分，心理学家称之为气质，它是指一个人与生俱来的心理活动的动力特征，与后天的环境和教育没有多大关系。例如，有些小孩生下来就喜欢哭闹，精力特别旺盛，而有些小孩却显得特别安静，比较容易安抚。根据这种差异，心理学家预测，待这些小孩长大后，第一种小孩可能成为比较外向和冲动的人，第二种小孩则很可能成为比较内向和文静的人，这种预测往往比较准确，因为气质是人格的基础。

（一）心理教育和道德教育的联系

1. 心理品质教育是德育内容的重要组成部分

在我国颁发的《中小学德育教育工作条例》中讲到道德教育是对学生进行政治思想和心理品质教育，是中小学生教育的重要组成部分。意大利诗人但丁曾说过："一个人如果知识不全，可以用道德去弥补；一个人如果道德不全，则无法用知识去弥补。"由此可见学校德

育对一个人终生发展的重要性。道德教育是我国学校教育的一个重要组成部分，心理教育在我国全民教育体系中也越来越受到教育者的关注。

2. 心理教育与德育的渠道有些是共同的

两者的终极目标具有一致性。除了开设心理健康课外，班主任工作、校园环境、团体活动这些心理教育活动和德育是共同的。学校培养人才的总体目标是使学生在德、智、体、美等方面得到全面发展。不管是德育还是心理教育，都必须服务于这一总体的培养目标。如果说德育侧重于对学生思想品德的塑造，那么心理教育则侧重于对学生心理素质的培养，两者需在"培养全面发展的学生"这一总体目标下有机地结合在一起。

3. 心理教育是德育的重要基础

心理教育的实施给学校德育带来了新的教育理念，主要体现在以学生为主体、育人为本，教师不再是教育活动中的权威者、塑造者，而是教育活动中的指导者。心理教育为德育提供了有效的实施途径和方法，它拓宽了德育主要采用的理论灌输、说服、榜样示范、行为引导等教育方法。

（二）心理教育与德育的区别

1. 理论基础不同

心理教育以心理学、教育学、生理学、医学的相关理论作为其主要理论依据，道德教育则以马列主义、毛泽东思想、科学发展观以及社会主义核心价值观为主要依据。

2. 具体目标不同

心理教育有助于形成、维护、促进学生的心理健康，其目标就是使学生成为正常人、适应良好的人，社会中每个正常的个体都是身和心的统一，每个个体都要求身心得到健康发展。而德育的目标是使学生成为思想品德高尚、对社会有益之人。

3. 教育内容不同

心理教育内容是关注学生的思维、情感、记忆、想象、创造和人格发展，侧重于对良好心理素质的培养和潜能的充分发展，是对学生的学习、人际关系、自我和社会适应等各方面的教育。德育主要是让学生掌握正确的思想道德观念和社会所需要的思想政治观点，以培养学生树立正确的人生观和世界观。

（三）心理教育的必要性

1. 开展心理教育是社会发展的需要

当代人们普遍承受着不同程度的心理压力，心理障碍和心理疾病的发生也日趋频繁。青少年正处于身心发展的关键时期，社会的变化使他们心理上的动荡进一步加剧，只有开展心理教育，才能更好地解决学生存在的各种心理与行为问题，促进学生更好地适应学校、社会生活，健康快乐地成长。

2. 开展心理教育是实施素质教育的需要

良好的心理素质可以使个体更好地适应社会生活环境的变化，我国基础教育新课程强调要促进学生身心健康和综合素质的提高，良好的心理素质是良好的综合素质的重要组成部分。

> **3. 开展心理教育是德育课程改革的需要**
>
> 心理教育赋予道德教育以新时代的要求。传统的德育存在内容陈旧、形式死板等不足，而心理教育拓展了传统思想品德教育内容的范围，以"疏导"为主，在称赞、鼓励、被爱护、被肯定、被重视的基础上，与学生平等地沟通、交流，给学生创造了一个自由的心灵空间，能够取得更好的教育效果，促进学生的发展。
>
> 引自：http://blog.sina.com.cn/s/blog_9f26d8a701015msb.html.

四、人格的结构

关于人格的本质及其构成，心理学家们有不同的观点，由此产生了形形色色的人格理论。在这些理论中，值得推崇的当数人格的特质理论。物质世界由化学元素构成，我们的身体结构由细胞构成，人格由特质构成，这是特质理论的基本假设。从特质论的创立者奥尔波特（Gordon W. Allport，1897—1967）开始，特质心理学家一直在苦苦寻找特质的基本结构，从最初的17 953个特质词删减到4 500个特质词，后来卡特尔（Raymond B. Cattell，1905—1998）通过因素分析又得到了16种根源特质（即16PF），与此同时，艾森克（Hans J. Eysenck，1916—1997）受巴甫洛夫的启发后认为人格特质包括三大维度（内外倾、神经质和精神质），再后来，大多数特质心理学家都认为存在五种基本特质，这就是通常所说的"大五"（Big Five），即神经质（neuroticism）、外倾性（extraversion）、开放性（openness）、宜人性（agreeableness）和责任心（conscientiousness）。每个词的第一个字母重新排列后使人们更容易记住它们——OCEAN，意味着这五个方面像"海洋"一样包含了人格结构的方方面面。

在这五个因素中，神经质反映个体情绪状态的稳定性及内心体验的倾向性，它依据人们情绪的稳定性及其调节加以评定。消极情绪有不同的种类，如悲伤、愤怒、焦虑和内疚等，它们有着不同的原因，并且需要不同的对待方式，但是研究一致表明，那些倾向于体验某一种消极情绪的人通常也容易体验到其他的消极情绪。在神经质上得分低的人多表现为平静、自我调适良好，不易出现极端和不良的情绪反应。

外倾性反映了个体神经系统的强弱及其动力特征，该维度一端是极端外向，另一端是极端内向。外倾者爱好交际，通常还表现为精力充沛、乐观、友好和自信。内倾者的这些表现则不突出，但这并不等于说他们以自我为中心和缺乏精力。正如一个研究小组所解释的那样，"内倾者含蓄而不是不友好，自主而不是追随他人，稳健而不是迟缓"。

开放性反映个体对经验的开放性、智慧和创造性程度及其探求的态度，而不仅仅是一种人际意义上的开放。构成这一维度的特征包括活跃的想象力、对新观念的自发接受程度、发散性思维以及智力方面的好奇。在开放性上得高分的人是不落俗套的、独立的思想者。得低分者则多数比较传统，喜欢熟悉的事物胜过新事物。尽管该维度实际上与智力并不是一回事，但有的研究者仍将其称为智力维度。

宜人性反映人性中的人道主义方面及人际取向。在宜人性维度上得分高的人是乐于助人的、可信赖的和富有同情心的，而那些得低分的人多富于敌意、为人多疑。宜人者注重合作而不强调竞争，宜人性得分低的人则喜欢为自己的利益和信念而争斗。

责任心反映自我约束能力及取得成就的动机和责任感，是指我们如何控制自己及如何自律。该维度得分高的人做事严谨、认真、踏实，有责任心；得分低的人则马虎大意，容易见异思迁、不可靠。由于这些特征总是表现在成就或者工作情境中，因此有些研究者将这一维度称为"成就意志"维度，或者叫"工作"维度。

五、如何判断人格

在日常生活中，人际关系是否和谐取决于相互之间的了解，在教育情境中，课堂教学的质量在某种程度上取决于师生之间的相互了解，有效的教学来自于师生之间的相互信任，这种信任是建立在彼此之间相互了解和判断的基础上的。无论是学校教育还是家庭教育，因材施教既是原则也是前提，教师之于学生，家长之于孩子，快速而又准确地了解与判断对方具有重要的现实意义。事实上，老师不知道学生的真实想法，家长不能准确了解孩子的个性，同伴之间不能切实体验对方感受的例子在生活中比比皆是，这不仅是人际误解和冲突的根源，而且还可能严重影响到教育效果和教学效率。那么，在学校情境中应该如何去判断一个学生的人格呢？主要途径如下：

1. 通过直接交谈（交流）判断

这是最常用的一种判断途径。如果你想知道一个人的想法、感受、兴趣、爱好、动机及其人格等，那么最好的方法就是直接问他（她）自己，一般情况下，通过交谈能够获得大量有效的信息。但是，人都善于伪装，在交谈中人们往往会投其所好，谈话中经常夹杂着许多虚假信息，这会让判断的准确性大打折扣。在学校，老师想要通过谈话的方式去了解一个学生比较困难，因为师生关系并不是一种对等的关系，学生在老师面前容易感受到压力甚至威胁，因此很多学生在老师面前不会讲真话。可见，单纯依靠交谈去了解和判断一个人是有限的。

2. 通过观察课堂（学校）表现判断

观察一个人的行为表现是人格判断不可缺少的部分。在这里，"观察"一词具有更为严格的意义，它是指对人的行为作直接的记录、监控、描述和分类，实行中它可能包含一份问卷、一张访谈时间表或者一种客观测验的评分规则。例如，在课堂上观察一个学生举手发言的频率，在学校观察一个有暴力倾向的小孩的身体攻击的数量，课外活动时观察一个孤僻儿童的行为，对一个紧张病人实施全天候的行为监视等。但是，不论是哪种形式的观察，谁来观察、观察什么以及在什么情境下观察决定了观察的有效性。相对于家庭，学校是一种压力情境，因此学生的表现往往没有在家里真实。

3. 通过自我描述和问卷来判断

让一个人做自我介绍可以帮助我们比较准确地了解他，作为老师，可以让每个学生做一个两三分钟的自我介绍，或许能从中获得很多有用的信息。从某种意义上讲，没有谁比我们更了解自己。不过，心理学研究表明，在自我介绍（描述）时，人们会有一种社会赞许的倾向，即我们会向别人展示好的一面，有意掩盖不好的一面，这使得自我描述的信息不完全可靠。人格问卷是另一种形式的自我描述，心理学家通常借助问卷来判断一个人，除去问卷中的社会赞许倾向外，问卷本身是否科学（如是否可信、有效）决定了问卷的结果是否准确。

4. 通过他人（老师、同学、朋友、父母）的评定来判断

要了解和判断一个人，除了问他本人，有的时候还要去询问他周围的人，尤其是那些了解他的人。作为老师，可以去问其他老师对一个学生的看法；作为班主任，可以去问班上其他同学对某个同学的看法。总之，我们可以广泛地从他（她）身边的人那里收集信息，并将所有的相关信息进行整合。如对某个学生，老师、同学和父母都认为这是个勤奋的学生，那么这个学生很可能就是个勤奋的人。在这里，这些人判断的一致性代表了准确性。当他们之间的判断不一致时怎么办呢？在这种情况下，我们一方面要看他自己的判断，另一方面要看跟他关系亲密的人（如知心朋友）的判断和了解。

专栏

学校情境中老师对学生的人格判断未必准确

如果问一位老师对自己的学生有多少了解，他（她）未必能快速而准确地回答，这位老师可能要问你具体指哪位学生以及是在什么情境下的表现。这是个不容易回答的问题。

首先，老师对学生的了解建立在与学生交往及对学生观察的基础上，与一般的任课老师相比，班主任老师可能更了解班上的学生；与古板严厉的老师相比，和蔼可亲的老师更受学生的青睐，学生也更有可能在他们面前真实地表现自己。可见，老师对学生的了解并非简单基于单向的观察与交谈，还取决于教师本身的性情和性格。

其次，任何一位老师都不可能对每一位学生有真实的了解，根据影响判断准确性的因素，判断目标的"可

判断性"会影响判断的准确性，一些学生比另一些学生更喜欢在老师面前表现，有些学生在老师面前的表现比其他学生更真实，因此，只有具体到某一位学生，教师才有可能做出准确判断，这就是所谓的"二元准确性"。

最后，当要求老师对学生的人格进行判断时，他们的回答大多是基于学生课堂上或学校的表现，这种判断很可能是不准确的。一方面，师生关系具有不对等性，学生在老师面前常常会掩饰自己，因此不可能像在同学或父母面前那样真实地表现；另一方面，在不同的关系背景下，情境的强弱也会影响判断的准确性，弱情境比强情境更有利于人格判断（Beer & Brooks, 2011）。与课堂教学（强情境）相比，课外活动或游戏（弱情境）时学生的表现可能更真实。

要提高教育情境下人格判断的准确性，改善师生关系势在必行。在教育教学改革中，之所以强调要建立民主平等的师生关系，是因为师生关系不仅直接影响教育教学效果，还会影响到师生之间相互了解的准确性。那些与学生交朋友并与学生打成一片的老师，往往会受到学生的爱戴，面对这样的老师，学生喜欢讲真话，表现也更真实，在面临困难的时候，他们也会首先想起这些老师。不难想象，这类老师在判断学生时会更加准确。作为老师，我们应当放下架子，适当降低自己的身份，和学生分享，与他们谈心。一个喜欢挑学生毛病的老师，一个总想在学生面前树立权威的老师，只会让学生敬而远之，这不仅不利于老师对学生的人格判断，而且连正常的师生关系都难以维持。我们主张建立民主、平等的师生关系，就是希望作为老师要想学生所想，急学生所需，真正做到以学生为本。我们要避免这样一种偏见，即教师的形象是高大的，这种偏见不只对老师有压力，对学生接近老师以及师生之间的信任也不利。

引自：陈少华．人格判断：多维的视角．广州：暨南大学出版社，2013.232～237.

5. 通过表情以及行为痕迹（书桌、宿舍、卧室）来判断

在人际交往的过程中，我们往往会根据一个人的表情或身体姿态来形成第一印象，这种印象会影响我们接下来的交往以及交往的质量。当我们看到一个人面带微笑时，我们会判断这可能是个热情友好的人；当我们看到一个人面无表情时，我们会推断这可能是个比较冷酷的人。尽管这种推断仅仅是基于我们的一种刻板印象，但在了解人的过程中仍然起着非常重要的作用。此外，一个人行为表现之后留下的物理痕迹也是人格判断中的重要线索。行为痕迹是指诸如手迹、艺术作品（图画、作文、诗歌或其他文学作品）、儿童玩耍后在场地里留下的情况、在家庭中自我设计的起居环境的类型（是整洁有序还是杂乱无章），还有个人的言行举止（如是否咬手指甲）和衣着打扮等，都可以用来对人的行为进行真实的追踪。如果要准确地判断一个学生的人格，除了上述这些方法，还可以去看看这个学生睡觉的地方（卧室或宿舍），跟学习有关的地方（他的书包、书桌及抽屉），以及他的课本和作业本，因为这些地方会留下一个人大量的行为痕迹，特别是那些没有修饰过的行为痕迹，对于人格判断更有价值。

人格与健康的关系

早在两千多年前，人们就开始思考人格与健康的关系，如今它仍然是一个引起广泛关注的话题。自前科学时代至今，人们关注人格与健康的问题主要包括：人格对健康是否有作用？如果有，是促进还是破坏作用？人格在什么情况下对健康有促进作用？什么情况下又有破坏作用？人格能否导致或预防疾病？这其中哪些人格因素最重要？如何解释人格与健康的关系？等等。当代心理学研究表明，某些人格特征确实与某种类型的健康问题有关。并且，人格还可能同大量的病态行为有关，这种行为会影响到对病人的诊断以及康复的时间。

一、健康的概念与标准

（一）健康的概念

不同时期人们对健康的定义也不同。最初人们认为健康就是身体健康，无病无痛。可是随着社会的进步，人们的压力增加，一些非生理病因的出现，使得人们开始重新定义健康。健康的定义中融入了许多心理层面、社会层面及文化层面的理解。健康的定义从最初的单一的身体健康，逐渐发展到世界卫生组织 1989 年提出的"躯体健康、心理健康、社会适应健康和道德健康"四要素说。在人们日常的祝福语中，也逐渐由以往的"祝你身体健康"改为"祝你身心健康"。这种变化反映了时代的进步和要求。对于任何一个人来说，身体是革命的本钱，身体健康比什么都重要。但是，这种健康还不足以保障一个人正常、和谐、健全地发展。由此可见，我们应当赋予健康更深、更广泛的含义。

总体上讲，健康是指躯体和精神上的一种稳定的、充满活力的一般状态。它不是简单的不生病或不受伤，而是关注人体的各个组成部分组合在一起是否运作良好。具体而言，身体健康指拥有强健的体魄，没有疾病。心理健康的定义是，个体心理在本身及环境条件许可的范围内，所能达到的最佳功能状态。社会适应健康是指个体能适应社会生活和工作中各种角色和责任的要求，能够结成良好的人际关系，能够在社会许可的范围内充分表达和满足自己的感情与需求，能够实施健康的社会行为，成为一个合格的社会成员。道德健康指个人具有基本的道德判断和执行能力，不仅能够合理满足自己的利益需要，也能够自觉维护他人的正当利益和需求，达到将个人利益与他人利益、社会总体利益协调兼顾的状态。

（二）心理健康及其标准

从广义上讲，心理健康是指一种高效而满意的、持续的心理状态；从狭义上讲，心理健康是指人的基本心理活动的过程内容完整、协调一致，即认识、情感、意志、行为、人格完整和协调，能适应社会，与社会保持同步。个体能够适应发展着的环境，具有完善的人格特征，且其认知、情绪反应、意志行为处于积极状态，并能保持正常的调控能力。在生活实践中，一个人如果能够正确认识自我，自觉控制自己，正确对待外界影响，使心理保持平衡协调，那么他（她）就具备了心理健康的基本特征。

心理学家将心理健康的标准概括为以下几点：

（1）有适度的安全感，有自尊心，对自我的成就有价值感；

（2）适度地自我批评，不过分夸耀自己也不过分苛责自己；

（3）在日常生活中，具有适度的主动性，不为环境所左右；

（4）理智，现实，客观，与现实有良好的接触，能忍受生活中挫折的打击，无过度的幻想；

（5）适度地接受个人的需要，并具有满足此种需要的能力；

（6）有自知之明，了解自己的动机和目的，能对自己的能力作客观的估计；

（7）能保持人格的完整与和谐，个人的价值观能适应社会的标准，对自己的工作能集中注意力；

（8）有切合实际的生活目标；

（9）具有从经验中学习的能力，能适应环境的需要而改变自己；

（10）有良好的人际关系，有爱人的能力和被爱的能力。在不违背社会标准的前提下，能保持自己的个性，既不过分贬低自己，也不过分寻求社会赞许，有个人独立的见解，有判断是非的标准。

从健康的内涵及心理健康的标准我们不难看出，一方面，不论是哪种意义上的健康，必定包含人格的完善与完整。换句话说，人格健康或健全是健康的重要组成部分，一个人如果人格出了问题，那必定是不健康的。另一方面，无论是身体健康还是心理健康，人格都是一个非常重要的影响因素。大量的研究结果表明，很多身体方面的疾病如心血管疾病、消化系统疾病甚至包括各种各样的癌症，都与某种特定的人格类型有关；而各种各样的人格障碍，不仅使患者人际关系和社会适应能力不佳，而且还表现出大量怪诞的行为与极度的情绪不稳，给他人带来痛苦，给社会造成危害。可见，人格既是健康的内容，又是健康的保障。

二、A 型人格与冠心病

具有某种人格特性的人容易患上心脏病的说法由来已久。几个世纪以来一直有这样的推测，即敌意、野心和焦躁等特性在心脏病的形成中起重要作用。早在 1910 年，著名医学家威廉·奥斯勒爵士观察到：并不是那些虚弱的患有神经质的人，而是那些有活力、身强力壮、感觉敏锐和雄心勃勃的人容易发生心绞痛，这表明总是绷紧弦的人易患心脏及心血管疾病。

关于人格与心脏病之间关系的研究，得益于两位美国心脏病学家梅耶·弗里德曼（Meyer Friedman）和雷·罗森曼（Ray Rosenman）的开创性工作。这些工作开始于 20 世纪 50 年代，那时两位博士注意到他们的心血管病人很大一部分都拥有与众不同的人格特征。这些人绝大多数是男性，他们雄心勃勃、勇于竞争、十分焦躁。他们的躯体运动方式和说话方式不连贯，富于热情，不愿意等待或浪费时间。两位博士还注意到，由于这些病人总是忙个不停，候诊室的座椅被他们磨得发亮。由弗里德曼和罗森曼观察到的可能易于患上冠心病的人格被称作 A 型行为模式。

（一）A 型行为模式

在现实生活中，有这么一种人，做一件事总想一下子干完，不干完不踏实。他总觉得时间紧张、不够用；走起路来风风火火，上楼梯也是三步并作两步；坐公共汽车，遇到交通堵塞车开得慢，就坐立不安，恨不得把司机换下来自己开；若要排长队买东西，宁可不买；做工作总要尽善尽美，比别人好，让领导说不出什么；不喜欢别人插手自己的工作，总觉得不如自己干得好；有很强的竞争欲，也有很强的嫉妒心，人际关系也比较紧张。这种行为方式被称为 A 型行为模式。总体而言，A 型行为模式描述了个体对其身体和社会环境做出反应的总的行为方式，它被概括为一个人在很短的时间里干很多的事情的不断奋斗进取的境况中所表现出的行为模式。该行为模式的要素包括：①无缘无故的敌意；②攻击性；③争强好胜；④总是感到时间紧迫；⑤没有耐心；⑥行色匆匆；⑦不停地去实现并不明确的目标；⑧讲话和运动迅速而莽撞。

（二）A 型行为模式与敌意

研究者试图拆散混在一起的 A 型人格特征，以弄清楚究竟哪几个特性真正起了重要作用。这一更为细致的分析方法证实，一些 A 型人格特征对引发心脏病所起的作用要大于其他因素。事实上，很多习惯上归于 A 型人格的特征并没有发挥作用。目前广泛认可的起关键作用的 A 型人格特征是敌意和愤怒，两者一贯与心脏病、健康状况不佳和较高的死亡率联系在一起。发表于 1995 年的一项随访研究评估了 20 世纪 60 年代毕业于加利福尼亚大学洛杉矶医学院的中年女性医生的健康状况，在最初评估中测定出，敌意程度较低的妇女到了中年以后，其健康状况要普遍好于敌意程度较高的妇女。

（三）A 型人格与心脏病关联的证据

弗里德曼和罗森曼的最初观察显示，心脏病候诊室的椅子前端总是磨损等一些有趣的事情不断发生，但这都不是结论性的。在随后的几十年里，科学家安排了大量的研究项目，以调查人格和心脏病之间可能存在的联系。这些研究几乎都是围绕很多没有心脏病或者说健康的人展开的，实验对象先用 A 型人格特征和吸烟、高胆固醇、肥胖等医学上的危险因素做过评估，然后跟踪观察几年（一些研究甚至跟踪观察了 20 多年），以考察他们谁最后患上心脏病或因此而死亡，研究人员据此确定人们的人格特征是否与心脏病和死亡率有连带关系。首批大规模的调查研究始于1960 年，研究对象是 3 000 多名健康的中年男性。调查开始时发现约有一半的研究对象属于 A 型人格，而在八年半之后，研究数据显示，A 型人格者冠心病的发病率比 B 型人格者高出一倍，甚至将吸烟等其他危险因素都计算在内时仍是如此。A 型行为模式本身成为心脏病的一个明确的危险因素，它与吸烟、高血压或高胆固醇的作用相当。美国等地所做的进一步大规模的实验发现，A 型行为模式同后来发生心脏病的危险存在着类似的联系。

专栏

A—B型人格测试

本测试共 25 个题目，请对每一个题目做出判断。如果该项题目反映的内容符合你的情况，请回答"是"，否则回答"否"。如果有一半以上的题目回答"是"，那么你就有 A 型倾向了，题目越多，倾向越明显。反之则是 B 型倾向。

(1) 你说话时会刻意加重关键字的语气吗？

(2) 你吃饭和走路时都很急促吗？

(3) 你认为孩子自幼就该养成与人竞争的习惯吗？

(4) 当别人慢条斯理做事时你会感到不耐烦吗？

(5) 当别人向你解说事情时你会催他（她）赶快说完吗？

（6）在路上挤车或在餐馆排队时你会被激怒吗？

（7）聆听别人谈话时你会一直想你自己的问题吗？

（8）你会一边吃饭一边写笔记或一边开车一边刮胡子吗？

（9）你会在休假之前干完预定的一切工作吗？

（10）与别人闲谈时你总是提到自己关心的事吗？

（11）让你停下工作休息一会儿时你会觉得浪费时间了吗？

（12）你是否觉得全心投入工作而无暇欣赏周围的美景？

（13）你是否觉得宁可务实而不愿从事创新或改革的事？

（14）你是否尝试在有限的时间内做出更多的事？

（15）与别人有约时你是否绝对守时？

（16）表达意见时你是否握紧拳头以加强语气？

（17）你是否有信心再提升你的工作绩效？

（18）你是否觉得有些事等着你立刻去完成？

（19）你是否对自己的工作效率一直不满意？

（20）你是否觉得与人竞争时非赢不可？

（21）你是否经常打断别人的话？

（22）看见别人迟到时你是否会生气？

（23）用餐时你是否一吃完就立刻离席？

（24）你是否经常有匆匆忙忙的感觉？

（25）你是否对自己近来的表现不满意？

临床心理学研究发现，A型人格者心脏病的发病率是B型性格的2倍，尽管对健康有些不利影响，但A型人格的人大可不必"杞人忧天"，只要对自己的生活做出一些调整，如在时间计划中多给自己留余地，以便处理突发事件；休闲前尽量完成所有的工作，以便轻松自在地游玩；尽量避免排队或做日常琐事等。这样，尽量使自己的行为变成适应性强、压力较小的方式，就可以有效地保护自己的健康。

三、C 型人格与癌症

关于人格特征可以导致癌症的论述，最早可以追溯到古希腊医生盖伦（Claudius Galen，130—200），他在当时就指出，忧郁的妇女比乐观的妇女更有可能患上乳腺癌。我国医书《外科正宗》也认为，乳腺癌是由"忧愁郁结，精想在心，所愿不遂，肝脾进气，以致经络阻塞，积聚成结"。目前，研究者对于癌症倾向人格的描述比对 A 型人格的描述更加参差不一，大量的研究将几种相当不同类型的心理因素作为预测癌症表现的指标。尽管多数结论的证据还不足，而且研究本身在方法论上也存在不少问题，但是研究者们将这些研究结果结合起来考察，形成了一个总的描述癌症倾向的人格特质和应对方式，称作 C 型人格或 C 型行为模式。

C 型人格的行为模式及其应对方式与 A 型人格相反，其主要特点是不表现出愤怒，将愤怒藏在心里并加以控制；在行为上表现为与别人过分合作，原谅一些不该原谅的行为；生活和工作中没有主意和目标，不确定性多，对别人过分有耐心，尽量回避各种冲突，不表现负面的情绪（特别是愤怒），服从权威等。当然这些看法还没有获得直接的、充足的证据。不过，对愤怒的压抑、抑郁与癌症的发生、恶化和预后不良有联系的研究报告则相当的多。此类研究多数是回溯式的，只有艾森克等人（1988 年）做过前瞻性研究，即在确诊癌症之前便将被试的心理社会资料收集起来，然后考察有关心理社会因素与癌症发病率的关系，结果发现被测者有癌症倾向人格。

心理学家莉迪亚·特莫肖克（Lydia Temoshok）博士详细描述了除 A、B 型行为以外的第三类行为——C 型行为，她认为此类行为对癌症进程有推动作用。被她称为 C 型的行为包括自我牺牲、过分老实、被动应付、乐于让步和不表达情感（即抑制情感），尤其是抑制愤怒和其他不愉快的感情。不表达情感被认为是这类行为的核心因素。特莫肖克说："不表达情感类似于敌对行为在 A 型行为中的作用。"特莫肖克目前正在为美国国防部和日内瓦的世界卫生组织进行人类免疫缺失病毒感染的社会和行为方面的研究工作。

特莫肖克假定了一个应对方式的连续体，以 A 型行为和 C 型行为为两个极端，而 B 型行为则是居中的健康型。在 20 世纪 80 年代，特莫肖克进行了一系列研究，研究对象是患有恶性黑瘤（最致命的皮肤癌）的病人，这些形成了她的理论框架。在一项研究中，特莫肖克和她的合作者招募了 3 组被试：20 名患有黑瘤，20 名患有心脏病，20 名健康人。每个被试都观看了 50 条不同的激发忧虑的语句，他们的心理唤醒程度都客观地被测定，并且每位被试都被要求主观地给每条语句对他或她的打扰评分。正如预计的那样，癌症患者抑制的感情比其他病人的多得多。

四、人格与吸烟、酗酒

（一）人格与吸烟

吸烟被认为是一种危害极大的自我伤害行为，但这种行为可能有助于缓解吸烟者的紧张情绪。为了消除吸烟对人们的威胁，一些组织设计了越来越多的计划和途径来帮助人们戒烟或者减少吸烟的人数，特别是减少那些第一次吸烟的青少年人数。第一种做法是，针对那些已经开始吸烟的人，消除他们吸烟的欲望；另一种做法是，减少接触香烟的因素。在关于人们对烟的依赖性的理论中，一种理论认为，吸烟可以使一个人生理上、心理上，或者两方面都成瘾；另一种理论则认为，那些焦虑的人通过吸烟缓解自己的紧张情绪，支持这种观念的证据来自以下报道：吸烟量与压力的大小成正比例趋势。目前，关于引起吸烟因素的理论逐渐指向同伴压力和强化、父母的榜样、某些人格因素或这些条件之间的联合作用。

有关人格特质和吸烟之间关系的研究比较少。从总体上看，吸烟的人都被认为是外倾、有点神经质或者情绪容易紧张的。然而，这在性别之间存在不同，女性吸烟者比男性吸烟者具有更高的焦虑水平。值得注意的是，这些发现都是关于诱发一个人吸烟的因素，而与保持吸烟嗜好的因素无关。从应激角度来看，具有较高焦虑水平和紧张水平的个体对压力更加敏感，因而更容易吸烟。考虑到压力的类型和强度，他们更容易形成吸烟的习惯。另外，正面的父母榜样、紧张情绪的正确宣泄模式、情绪宣泄的建设性指导以及用于缓解青少年来自同辈压力的教育手段，都会使人不去吸烟。戒除一个人的烟瘾是个同样棘手的问题，这一问题涉及许多方面的因素，目前还没有任何直接证据支持烟瘾与人格特征有关。越来越多的证据表明，吸烟是一种生理成瘾的过程，这是戒除烟瘾的最大障碍。

（二）酒精中毒型人格

饮酒与各种各样的压力缓解和逃避行为有关，这些行为事实上不是很好的应对技巧。饮酒量的多少也和压力的大小成正比例关系。嗜酒者更容易得病，在心理和生理上更容易恶化，死亡率更高。阿兹·沙斯克因的研究小组发现，中度饮酒者患乳腺癌的概率比一般人高50%～100%。个人和社会的饮酒代价是令人震惊的，每年因饮酒发生的交通事故使社会不得不关注这个主要的"杀手"。现代医学普遍认为，嗜酒症与某种生理成分有关，这种过程可以由不同的基础代谢和其他的生理系统表现出来，而且这会使个体对酒精成瘾性的抵抗力更加低。另外，阳性对称性配偶的存在（嗜酒症者与嗜酒症者结婚）会提高后代嗜酒的可能性。

素质—应激模型可能是用以解释各种诱发嗜酒症因素混合作用的最好模型。该模型认为，潜在的先天因素只有和足够强度的压力水平结合在一起才能起作用。按照一些心理学家的观点，这种先天因素包括一种生理传递性的心理脆弱。这些因素包括童年期的行为障碍、多动症和注意力方面的问题。应激因素包括无秩序的家庭和受到破坏的家庭交往、交往的同伴、种族背景以及不充足的发展环境。

酒精中毒型人格表现为慢性压抑，需要外部控制，并且心理社会技能欠佳。缺乏社会技能往往使一个人的人格不完善，更容易产生恐惧感，难以集中注意力等。这些特质表现为与权威之间发生冲突，容易出现更强烈的敌对行为和攻击性行为。这些因素将会降低工作效率，破坏亲密的私人关系和一般社会关系等各种各样的人际关系。最后，还表现为酒精引起的判断力降低，不能加工更多的信息，难以抑制自己的冲动反应。

五、人格障碍是最常见的心理障碍

人格障碍（Personality Disorder）是指在没有认知过程

障碍或智力障碍的情况下，个体出现的情绪反应、动机和行为活动的异常。"盖尔事件"是人格障碍的戏剧性实例，它表明个体额叶损伤会导致多巴胺的水平忽高忽低：多巴胺太少会抑制性欲，太多则可使一个人性冲动过度。人格障碍一般出现在青年期，有些到年龄大些时会逐渐缓解。其表现形式多种多样，当这些类型同时出现时，会给诊断带来更大的困难，患者可能具有不顾一切的攻击性，或者因羞怯而倍感困扰；他们可能表现为难以纠正的装腔作势，或者完全依赖别人；他们可能缺乏可见的情绪，或者受喜怒无常心境变化的冲击，无法维持与他人的关系。有的人格障碍患者痴迷魔法，有的则极端害怕被拒绝，还有的患者持久地怀疑身边的每一个人。更为有趣的是，一位皇家爱丁堡医院的临床心理学家研究表明，怪癖者（四个怪癖者中只有一个人格障碍患者）会表现出高于平均水平的智力、创造力、健康和快乐程度。

（一）与恐惧和焦虑有关的障碍

1. 强迫型障碍

其特点是无休止地、执着地追求完美。有这种疾患的人，将会变成一部"活机器"。其典型特征是把工作当作生活的中心，对待工作达到自我奴役的程度；在谈话风格方面他们非常强调逻辑性和理智，不赞成别人的情绪化倾向。他们还对批评十分敏感，尤其是身份或权威较高者的批评。强迫型障碍患者是彻头彻尾过分讲究的典范，他们的烦恼是要付出巨大的努力使每个人和每件事物都听从自己的意愿。

2. 消极攻击型障碍

其症状包括顽固不化地拒绝别人的要求，而表达这种拒绝的方法则是间接的，如拖延、固执或有意放慢动作。

消极攻击型的人易怒、爱挑剔、悲观，特别善于做破坏性工作，而且不会遭到谴责。他们喜欢那种不屈服的刺激感，但意识不到这种行为给他们造成的麻烦。患者总是把与别人的关系误解为斗争，且在这种斗争中自己是无能的。

3. 逃避型障碍

患者有很大的社会不安感，而且对遭到拒绝十分敏感。其典型症状是很不愿意出风头，也没有自信心。与此同时，他们害怕暴露自己内心的感情，因此表现出羞愧，或哭泣，或不能回答问题等情形。

专栏

一个逃避型人格障碍的案例

艾伦是一名有逃避型人格障碍的大学生。她今年21岁，因为总是在社会交往中感到不适，所以去学校心理诊所寻求帮助。她非常害羞和紧张，把自己的社会交往限制在最小范围内。她害怕下学期分班，因为那样就必须与一拨新同学相处。她尤其害怕上心理课，因为"这样其他同学就会发现我是个怪人"。艾伦补充说："他们会发现我是个机能障碍的笨蛋，因为我太害羞，一想到要在一群陌生人面前发言就紧张不已。"她说正在考虑从心理学专业转到计算机专业，虽然她对人很感兴趣，也喜欢心理学，但在他人面前还是不免感到尴尬。她认为计算机对她来说要容易许多。

艾伦说，她从小就在学校里受到其他孩子的戏弄，每当这时候她尽量回避他人，尽量不引起别人的注意。十几岁时，她曾经试过做保姆，但她从未拥有过一份真正的工作。读大学时她没有朋友，至少说不出任何一位朋友的名字。因为担心别人知道其真实面目后会不喜欢

她，所以她尽量避免任何社会交往。事实上，她说话时甚至从来不敢迎视咨询人员的目光。

在大学里，她习惯于把功课积攒到一起，然后一次性把它们做完。她尽量每天都找点事情做，把宿舍收拾得很整洁，每月去食品店两次。她形容自己的生活"不是很开心，但至少有规律"。她喜欢在宿舍里上网，喜欢网上聊天，但是当进一步询问时，她坦白说她只是看别人聊天，从没有真正参与过。她喜欢待在一边，看其他人交流。她说："别人根本不知道我也在，所以就不会嘲笑我。"

引自：［美］兰迪·拉森，戴维·巴斯．人格心理学：人性的科学探索（第2版）．郭永玉等译．北京：人民邮电出版社，2011．570～571．

4. 依赖型障碍

其症状也是极端缺乏自信，但其主要表现形式是顺从和依赖的行为模式。患者如果没有别人的劝告和支持，就连一个最小的决定也不敢做。其典型特点是讨厌孤独，并常伴有抑郁。

（二）与情绪性、过分戏剧性和喜怒无常行为有关的障碍

1. 剧化型障碍

其表现是反复做戏剧性的动作，以吸引别人的注意。患者倾向于极端的自我中心，对于别人的保证和褒奖有无休止的需求。他们非常重视自己的身体和性吸引力，有时甚至不适当地表现自己的诱惑力，而且容易染上吸毒习惯。剧化型的人与他人的关系大部分是表面和短命的，因为他们的虚荣心、反复无常和依赖性令人望而生畏。他们很少

能解释自己的动机，而且一般也不清楚自己的真实感情。

2. 自恋型障碍

患者经常用心打扮自己，或保持一种青春形象，而且很容易激动，并将自己的情绪像演戏一样表演出来，以吸引别人注意。他们有夸张的妄自尊大意识，而在他们自己看来这是真实的、高尚的。其行为给人的印象是，他们走到任何地方都应该受到优惠的待遇。典型的行为是排长队时总要插在前面，对后面人的抗议完全置之不理。

3. 反社会型障碍

这种障碍的第一次暴露常常表现在一般的好战态度、一次偷东西、撒谎、故意破坏文化艺术品及旷课等行为中，并且没有悔改表现。成年人的行为特征包括乱婚、虐待配偶和孩子、疯狂驾驶以及范围广泛的犯罪活动。患者常有吸毒和酗酒现象，很多这样的人在监狱中度过多年。与一般人相比，他们早死和暴死的概率要高得多。

4. 边缘型障碍

代表着一种介于神经症和精神病之间的交叉状况，其特点是在自我表象、情绪、人际关系及整体行为等方面极端不稳定，很多症状还伴有自恋型、剧化型和反社会型障碍的症状。有此种障碍的患者，情绪急速大起大落，有时候非常焦虑或者陷入深沉的抑郁，但仅持续几个小时。他们很难控制自己的愤怒，往往容易跟人打架或大嚷大叫，发泄怒气。易冲动是他们的一般特点，并且常带有自我毁灭倾向。

（三）以怪癖和心向行为为特点的障碍

1. 精神分裂型障碍

其特点是患者对社会关系明显地淡漠，过着一种孤独、内向及非常狭窄的情感生活。据估计，每12个人中就有一个人可能患有精神分裂型障碍，男性比女性概率高。这类人大多选择孤独的工作，许多人喜欢上夜班。他们是典型的孤独者：冷漠、离群、没有竞争性。他们的性生活很少，并且经常局限于梦幻。在社会环境中，他们很沉默，很难直接表达愤怒。他们不在乎他人的夸奖和批评，对别人的友好接近也无动于衷。他们的最大愿望是自己独处。

2. 分裂型障碍

其表现是怪诞的信念，患者可能声称自己能辨认宇宙的隐秘谱，或能探明别人不认识的力量，典型表现是沉溺于以想象的关系和怪诞的恐惧为中心的复杂的幻想世界，其比例占总人口的 3%。一些研究者认为，这是一种减弱的精神分裂症，而精神分裂症则是一种危害更大的、妄想型的、现实破裂型的心理疾病。在最严重的时候，分裂型患者可能表现为类似精神分裂症的脱离现实，据估计，患者中有 10% 的人最后自杀。

3. 妄想型障碍

其特点是持续地、无端地怀疑别人，对觉察到的轻蔑或威胁往往以愤怒甚至暴力的方式对抗。妄想型患者情绪冷淡而紧张，公开藐视他人的弱点，并且僵硬地坚持按自己的方法行事。他们经常把别人的行为理解为有意贬低或威胁他人，他们心存嫉妒可达几年之久。有些患者由于天赋的能力和智慧，可能获得他们所向往的那种绝对权力和控制力量，但几乎都不可能长久。他们渴求独裁，认为世界充满敌意。妄想型障碍很容易使患者进一步发展为更极端的病情——妄想型精神分裂症。

发展篇

第四章

人格发展的理论

一、弗洛伊德的性心理发展理念

西格蒙德·弗洛伊德，被认为是 20 世纪最伟大的三位心理学家之一［其他两位分别是斯金纳（Burrhus F. Skinner，1904—1990）和皮亚杰（Jean Piaget，1896—1980)］、最伟大的三位犹太人之一（其他两位分别是马克思和爱因斯坦），其以开创性的研究赢得了世人的尊重。与斯金纳关注行为获得和皮亚杰关注认知发展不同，弗洛伊德主要关注人格发展，尤其是童年期的发展。尽管他的精神分析及潜意识理论经常被人曲解和批判，但是他在人格领域所作的贡献是有目共睹的。由于弗洛伊德的理论复杂而深奥，在这里我们仅就人格结构和人格发展阶段做简要论述。

（一）人格的结构

1. 本我（id）

这是人格结构中与生俱来的成分，由先天的生物本能和欲望组成，可以看作是原始驱动力的储存处。它非理性地运作，由冲动支配并追求即时的满足感，不考虑所渴望的行为是否符合现实需要，是否被社会所认可。本我被快乐原则所支配，无节制地寻找满足感而不考虑其后果，这种快乐特别指性、生理和情感快乐。婴儿在出生时完全受本我支配，在这方面人类和动物没有本质区别。但是，如果每个人的人格都只受本我控制，每个人都为所欲为，那么这个世界定会处于无法想象的混乱之中。

2. 自我（ego）

随着年龄的增长，儿童慢慢掌握了一些基本的规则，知道什么情况下能做什么，什么情况下不能做什么，这就出现了另一种人格结构——自我。基于现实的自我常常用来调和本我冲动和超我需求之间的冲突。自我代表一个人关于生理和社会现实的观点，是他（她）关于行为的原因和结果的理性认识。自我的一部分工作是选择那些能够满足本我冲动的行为，但这些行为同时又不会带来不愿看到的结果。自我受现实原则支配，这种原则为快乐的需求提供现实的选择。比如，自我会阻止考试作弊的冲动，因为它考虑到被抓住而产生的后果，同时它会用以后更努力地学习或者寻求老师同情等方法来代替作弊。当本我和超我产生矛盾后，自我会通过折中来尽量满足两者的需要。在现实生活中，一个人的表现大部分都是自我的表现，即按照规则的要求来表现。

3. 超我（superego）

这是人格结构中符合道德需要的成分，与后天的教育和学习有关，这也是人类与动物的本质区别。儿童在出生后除了要学习一些基本的规则，还要学习一些道德规则，行为表现不只要符合现实需要，有时还要超越现实，例如有的时候为了帮助他人要牺牲自己的利益（如分享、捐赠）。超我对于自我的思想和行动起着判断与监察的作用，是一个人价值观的储存处，包括从社会习得的道德态度。

超我的一部分称为良心，反映着一个人的道德标准，当一个人的行为违背这种标准时，其良心就会受到内疚感的惩罚。

超我的另一部分称为自我理想，即一个人努力想让自己成为的样子，反映着一个人在幼年时受到父母赞扬或奖赏的那些行为。自我理想是一个人的目标和抱负的源泉，当一个人达到这种标准时，就会为自己感到自豪。可见，超我经常和本我发生矛盾，本我想要做感觉上快乐的事情，而超我则坚持做那些正确的事情，自我不得不在中间充当"和事佬"。根据弗洛伊德的理论，一个缺乏控制力的超我可能使一个人成为不良少年、罪犯，或形成反社会型人格，而一个过度严格的超我则可能使人产生压抑感或难以承受的内疚感。

对于一个健康的人来说，上述三种结构在人格中的比例是协调的，它们随个体年龄的增长形成一个动态的平衡。在年幼的儿童身上，本我所占的比例可能要大些；在年长儿童身上，三者的关系基本上是平衡的。反过来讲，我们可以用三者比例及其协调关系来理解一个人的人格是否健全。生活中有三种类型的人，第一种人，本我在人格结构中的比例占绝大部分，由它统治着软弱的自我和衰弱的超我，这是一个由本我控制的、追求快乐和贪图享受的人，类似于生活中那些自私自利、从不为他人着想的人。第二种人，超我在人格结构中所占的比例最大，这种人具有强烈的内疚感和负罪感，自我显得特别软弱。生活中，有些人好像是为别人活着的，一旦自己的所作所为不能令他人满意就会产生负罪感，总是感觉亏欠别人。第三种人，自我在人格结构中的比例最大，这种人具有强大的自我，能够很好地协调本我与超我之间的关系。这种人具有健康的心理，处于快乐原则和道德原则的双重控制之下。

（二）人格发展的阶段

弗洛伊德的人格发展理论是其精神分析体系中最可能

引起争论的贡献之一。他认为成人人格的本质早在生命最初的五六年即已形成。对于早期人格发展的解释，弗洛伊德主要围绕"性"这一主题展开。这里的"性"是一种广义上的性，弗洛伊德将凡是能带来愉快和满足感的体验都称为"性体验"，将能够带来这种体验的部位称为"性敏感区"。每个人自出生到成熟都经历了一系列发展阶段，各阶段的划分以"性敏感区"为主要标志，而且这些阶段会影响到成年期的人格，因此人们称之为发展的心理性欲阶段。

1. 口唇期（0—1.5 岁）

这一阶段儿童的性敏感区是口腔部位的唇和舌，诸如吸吮、咀嚼、吞咽等都是性欲满足的主要来源。吸吮行为是最能使婴儿感到快乐的行为，这种行为满足了口腔性敏感区的要求，使婴儿得到一种愉快体验。这时候母亲的乳房满足了儿童两个基本需要，即营养的需要和快乐的需要。当儿童逐渐长大，口腔仍然是一个性敏感区，等到成年时，他们通常会采用其他方式如抽烟、喝酒、吃零食、嚼口香糖、咬手指以及冷嘲热讽来满足口腔的欲望。弗洛伊德认为，口腔期固着会产生口腔型人格，有这种人格的人在成年后习惯于过与口腔有关的生活，如他们一般吃得多、吸烟多，通常花费更多的时间与别人讲话，他们可能成为政治家、教授、"长舌妇"、律师、演员等。对于父母而言，及时满足儿童的口腔欲望不仅满足了儿童的生理需要，而且是形成其健全人格的基础。

2. 肛门期（8 个月—3 岁）

这一时期的性敏感区由口腔部位发展到肛门和大肠，儿童通过体验粪便的保持与排泄而得到一种快乐，因为在排泄时会有一种紧张消除的愉快体验。对于父母而言，训练儿童有规律地排泄大小便是非常重要的一项任务。在父母训练孩子排便时，孩子往往与父母形成一种对抗性情绪，他们通过保持和驱逐来表达对父母的不满，其反抗主要通过在适当的时机抑制排便，而在不适当的时机进行排便这一方式进行，试图以此来控制他人。弗洛伊德认为，在肛门期产生固着，会形成肛门型人格，如果父母阻碍了肛门性欲的满足，特别是由于如厕的训练而产生的固着，那将会产生肛门定向。肛门型人格分为两类：一类是肛门保护型，此种类型的人一般表现为整洁、小气、刻板、做事有条理；另一类是肛门驱逐型，此种类型的人一般表现为不爱干净、大方、随便、做事缺乏条理。

3. 性器期（3—6、7岁）

这个阶段儿童的性敏感区指向生殖器区域，儿童的性欲望主要通过生殖器来满足，其典型行为是手淫。由于男女生理特征不同，因此产生了两种不同的人格特征：

男性性器期。这时的男孩认为，母亲是自己快乐的目标，因此就想得到母亲，以获得性欲的满足。当他看到父亲与母亲关系亲密时，会产生对父亲的嫉妒和敌对情绪，这就是弗洛伊德所说的"俄狄浦斯情结"（Oedipus complex）或"恋母情结"。如果母亲反对孩子的妄想和性欲望，或者孩子由于父亲的反对而产生"阉割焦虑"的话，那么此阶段的结束还需要经历两个过程：第一个解决过程是"压抑"。由于男孩怀有对母亲可怕的性欲望和对父亲的憎恨，却又不敢表现出来，因此只有使它们被迫进入无意识状态，通过压抑才能解决俄狄浦斯情结。第二个解决过程是以其父亲自居，认同其父亲的行为。这时男孩不再想取代他的父亲，而是去认同父亲的行为方式，认同父亲的行为标准。正是这种认同使男孩形成了关于善恶的标准及其相应的性别角色。

女性性器期。与男孩相似，这时的女孩会喜欢上自己的父亲，并在潜意识中企图取代母亲的位置，这种现象即"厄勒克特拉情结"（Electra complex）或"恋父情结"。弗洛伊德认为，男、女孩子的恋母（父）情结有很大区别，虽然由于阉割情结使两者都产生恐惧心理，但男孩要求解决此情结，女孩则没有这种压力。事实上，正是这种情结使她进入安全状态并成为正常的女性。此时，女孩一方面想取代母亲而成为父亲的爱物，另一方面又会为将失去母亲而恐惧。如果女孩没能解决好上述问题，那么她在人格上将会产生这样的特征：女性的虚荣性和嫉妒心。弗洛伊德认为，在男女性器期出现固着会形成性器型人格。性器型男人往往做事不考虑后果，而且非常自信，过高评价自己性器的价值，并力求证明他是一个真正的男子汉，因此他们常常自负自夸。性器型的女人则会出现"受阻女性"综合征，她们力求在多方面优于男性，并且去寻找典型的男性职业，对谴责、诋毁男性感兴趣。

4. 潜伏期（6、7—11、12岁）

这一时期儿童没有明显的性发展表现，其性的欲望和冲动处于暂时的休眠状态，性的兴趣被其他兴趣，如探索自然环境、文化学习、文体活动及与同伴交往等活动所取代，它的持续时间几乎是前三个阶段的总和。弗洛伊德认为，这一时期对儿童人格的形成极为重要。它最突出的特征是儿童失去了对性的兴趣，他们将自己局限于全部是女性或全部是男性的群体中。在这期间，由于生活范围的扩大和知识阅历的增加，儿童人格中的自我和超我部分获得了更大发展。男女儿童之间的关系比较疏远，团体活动时多为男女分组，甚至界线分明、互不来往。但这种潜伏只是暂时和相对的，它类似于火山爆发前的那一刻，力必多（libido）即性的能量在体内不断积聚，直至在青春期爆发。

5. 生殖期（12岁以后）

弗洛伊德将口唇期、肛门期、性器期三个阶段称为前生殖期，在这三个阶段中，性活动由自发的性欲所引起，孩子们追求的是肉体的愉快。在潜伏期之后即青春期，由于性的发育成熟，儿童产生了第二次性欲冲动，这种生理压力使孩子感到性冲动的巨大作用。弗洛伊德认为此时的性本能通过性高潮得以满足，而且性的能量开始投射于所爱的事业，并由"自恋"开始转向于"异性恋"。从这时起，儿童开始摆脱对父母的依赖，逐渐成为社会的独立成员，寻找职业、选择对象、生育并抚育后代。这时，性本能因追求更有价值的目标而减弱了自己的紧张，但这种方式仍受无意识本能的支配，例如一些创造性活动和社会活动也都根源于无意识。

二、艾里克森的心理社会发展理论

毫无疑问，生物因素如性本能在人格发展中起了至关重要的作用，但它不是唯一的因素。事实上，儿童从出生到成年，在其人格的形成和发展过程中，我们能够真实感受到的是环境、教育以及社会文化对他们的影响。一个小孩出生在什么地方、生活于哪种家庭、父母是什么样的人、抚养者如何对待他（她）、平时跟谁一起玩，诸如此类的影响比性本能的影响要更大。这些也正是新的精神分析代表——艾里克森所看重的。

艾里克·艾里克森（Erik Eriksen，1902—1994），出生于德国法兰克福，父母都是丹麦人，父亲在他出生前就抛弃了他的母亲，3年后母亲嫁给了一位名叫霍姆伯格

（Homburger）的犹太医生。直到青少年期艾里克森才知道自己是一个私生子。他的继父用犹太人的传统方法对他进行教育，这种双重传统给他造成很大的压力。对于终生职业，艾里克森迟迟没有作出选择，起初他想当一名艺术家，后来在维也纳的一所职业学校任教。在那里，他遇到了弗洛伊德最小的女儿安娜·弗洛伊德（Anna Freud，1895—1982），并成了她的学生，他从安娜那里接受的精神分析培训是他离开家乡后接受的唯一正规教育，此时艾里克森25岁。1933年，艾里克森为逃避纳粹的迫害来到了美国，并成为波士顿第一位儿童心理学家。

艾里克森的理论被称为"心理社会发展阶段理论"，强调社会和文化因素对人格发展的影响，重视青少年期以后的发展。该理论将人的毕生发展划分为八个阶段，每个阶段都有一个主要的心理社会任务，艾里克森称之为人格"危机"。每个阶段的发展任务都非常重要，对它的解决决定了下一阶段的发展。

1. 基本信任对基本不信任（出生到12—18个月）

在这一阶段，婴儿在信任和疑惑之间寻找平衡，相当于弗洛伊德的口唇期，其心理社会两极是基本信任和基本不信任。在这一时期，儿童的无助感最为强烈，最需要成人的照顾，其任务是获得对世界尤其是对父母的安全感和信任感。如果父母给这一时期的婴儿以爱抚和有规律的照料，及时满足婴儿的口腔欲望和生理需要，那么婴儿将会对父母产生基本信任感；反之，如果父母不能及时满足婴儿的口腔欲望，对婴儿的进食等生理需要经常反应迟钝甚至没有做出反应，他们就会对父母产生不信任感，并且会感觉到这个世界很危险。如果婴儿的基本信任感居多，就达到了他（她）的第一个社会成就，即在人格中形成一种美德。美德是某些能够为一个人的自我增添力量的东西。在这个阶段中，儿童会确信他（她）的父母不会扔下他（她）不管，从而发展起一种持久的信念，即他（她）将能得到他（她）所需要的任何东西，从而形成对这个世界充满希望的美德。

专栏

做一个敏感的照料者

（一）抚养质量与安全型依恋

依恋研究专家安斯沃斯认为，婴儿与母亲或其他照料者的依恋质量在很大程度上取决于他们所受到的关照。这种抚养方式假说认为，安全型依恋婴儿的母亲从一开始就是敏感的、有回应的照料者。最近对 66 项研究的一篇综述指出，能和自己的婴儿形成安全依恋的母亲具有如下特点：

（1）敏感：对婴儿的信号能迅速、正确地做出反应；

（2）积极态度：对婴儿表现出积极的关心和爱；

（3）同步性：与婴儿建立默契、双向的交往；

（4）共同性：在交往中婴儿和母亲注意同一件事；

（5）支持：对婴儿的活动给予密切的注意和情感支持；

（6）刺激：常常引导婴儿的行为。

总之，如果照料者对婴儿有积极的态度，敏感地回应他们的需要，与他们建立了同小互动，为他们提供了很多愉快的刺激和情感支持，婴儿经常从与他们的相互作用中体验到舒适和愉悦，婴儿就会感觉到照料者是值得信任的，就可能形成安全的依恋关系。与安全型依恋婴儿的母亲相比，回避型婴儿的母亲对自己的孩子缺乏耐心，对他们的信号没有回应，常常对婴儿表现出消极的情感，很少能从与子女的亲密接触中获得快乐。安斯沃斯认为，这些母亲是刻板的、自我中心的人，她们有可能拒绝他们的子女。另一种相反的情况是，这些父母过于热心，问题喋喋不休，甚至在婴儿感到厌倦时提供过多的刺激。

（二）谁最有可能成为不敏感的照料者

专家指出，父母的某些人格特点很可能导致不安全依恋的不敏感的抚养方式。照料者如果是临床抑郁症患者，其婴儿的依恋类型往往会形成不安全的依恋。抑郁的父母常常对孩子的社交信号漠然，很难与他们建立满意的、同步的关系。

另一种不敏感的照料者是那些自己在小时候被忽视、受虐待、不曾感受到爱的人。这些曾经受到虐待的照料者，常常初始愿望很好，发誓不让子女受到自己曾遭受的待遇，但是他们常常希望自己的子女非常完美且会立即爱上自己。所以当孩子生气、烦躁或注意力不集中时，这些非安全型依恋的父母就会减少和收回自己的情感，有可能忽视甚至虐待他们的子女。

最后，那些意外怀孕、孩子不是她们原本想要的母亲，也很可能成为不敏感的照料者，她们的子女在许多方面的发展都非常不尽如人意。一项追踪研究发现，那些父母不想要的儿童上医院的次数更多，在学校的成绩更差，家庭生活不稳定，和同伴的关系差，也更容易被激怒。

（三）帮助不敏感的照料者

幸运的是，我们有办法帮助那些不敏感的父母成为更敏感和有反应的照料者。婴儿心理健康学，正是综合了如发展心理学、社会工作、教育和儿科等不同领域的理念、研究和治疗手段，为年幼婴儿的照料者提供干预和帮助，以促进婴儿的健康发展。

在一项干预研究中，专业人员定期访问那些抑郁、贫困的母亲，首先与她们建立起友好、支持的关系，然后教她们如何激发孩子更喜欢的反应，并鼓励她们积极参与每周举办的父母教养小组活动。那些受到母亲支持的幼儿后来的智力测验成绩要高于那些母亲抑郁但没有参与干预的幼儿，并更可能形成安全依恋。

引自：[美] 戴维·谢弗等. 发展心理学（第8版）.邹泓等译. 北京：中国轻工业出版社，2009. 414~416.

2. 自主对羞愧或怀疑（12—18个月到3岁）

这一阶段的儿童需要获得独立和自主之间的平衡，以此克服羞愧和怀疑，其人格发展的任务是形成儿童的自主感，即儿童觉得能自我做主。随着儿童动作的发展和语言的获得，儿童感受到了前所未有的自由与强烈的自我支配欲望。从一个孩子会走路的那一时刻起，他（她）就一心想要挣脱父母的约束；当一个孩子会使用语言表达自己的思想感受的时候，他（她）自我支配的欲望就更加强烈。此时的儿童能够随意决定做什么或不做什么，儿童与父母之间展开了一场"意愿"的拉锯战。如果父母允许儿童表达自己的意愿，并鼓励他（她）做一些力所能及的事情，按照不伤害儿童的自我控制感和自律自治的原则训练儿童，那么儿童就会形成自主感；如果父母因担心小孩"添乱"而对其言行严加管教和约束，儿童很容易产生无奈、无助甚至无能的感受，并对自己产生怀疑。对于抚养者来说，一方面要合理地容忍儿童的不良行为，另一方面应努力改正其不良行为，鼓励其社会适应行为。训练过严或惩罚不公都将使儿童产生怀疑和羞愧。总之，这一阶段危机的解决决定了意志美德的形成。

3. 主动对内疚（3—6岁）

这一时期，儿童的动作更加灵巧，语言更加精练，想象更加丰富。他们开始创造性地思维、活动和幻想，开始计划未来的事情。根据艾里克森的观点，这一阶段的儿童具有显著的、不知疲倦的求知欲，他们好奇、好想、好问。尽管他们所提的问题还比较幼稚，但是带有原创性，是儿童人格中创造性的充分展示。这种强烈的求知欲和创造性引导他们逐渐摆脱自身先天的某些不足。他们特别希望能够自我选择和自我做主，如果父母允许儿童做出选择并鼓励其付诸行动，儿童很容易形成价值感。艾里克森认为，顺利渡过前两个阶段的儿童感觉到的是自我，而在这一阶段中他们所面临的是应当成为什么样的人的问题。他们在探索什么是允许的，什么是不允许的。如果父母鼓励儿童的自我创新和想象，儿童便会带着创新精神离开这一阶段；如果父母嘲笑或挖苦儿童的创新和想象，儿童便不能建立起自信心。当他们回想起被父母讥笑的行为时，就会有一种内疚感与罪恶感，这样他们将不敢越雷池一步，倾向于过循规蹈矩的生活。

4. 勤奋对自卑（6—12岁）

这一阶段的孩子在勤奋感与自卑感之间寻找平衡，集中精力胜任自己所选择的任务，特别是学业任务。这一时期的儿童大多数都在上小学，学校训练儿童以适应将来的职业，也训练他们适应自己所处的文化环境。艾里克森认为，儿童所要学习的重要课程是通过集中精力和刻苦努力，在圆满完成学业任务时能够感受到愉快。对于父母和老师而言，一方面要教给儿童一套行之有效的方法、策略、技能、技巧，以便让儿童胜任其学业任务；另一方面，无论其行为表现或学业成绩是好是坏，父母和老师都应以鼓励为主，而不应横加指责。为了让儿童产生勤奋感，父母和老师应尽可能将孩子的表现与其自己以前相比较，让他们看到自己到底是进步了还是退步了，尽可能避免将不同的孩子放到一起作比较，这种比较不仅容易导致一部分孩子产生自卑感，而且极容易挑拨孩子们的关系。事实上，每个孩子都是独一无二的，不同的人之间不具有可比性，没有哪个孩子十全十美，也没有哪个孩子一无是处。从某种意义上讲，儿童自卑感的产生并非与生俱来［弗洛伊德的弟子阿德勒（Alfred Adler，1870—1937）认为自卑感生来就有］，而是起源于成人世界尤其是父母和老师的评价。可见，勤奋还是自卑，评价是关键。

5. 自我认同对角色混乱（12—20 岁）

这一阶段的儿童正处于青春期，他们面临一种"认同危机"，试图弄清楚"我是谁"以及自己独特性的问题。他们必须建立基本的社会和职业认同，否则他们容易对自己成年的角色感到困惑。按照艾里克森的观点，自我认同是"一种熟悉自身的感觉"，"一种知道自己将会怎样生活的感觉"。儿童通过前面几个阶段了解了他们是什么和他们可能做什么，学习了适合于他们的各种角色。到了这一阶段，儿童必须权衡所有能够掌握的信息，包括自己的和社会的，他们努力发现自己的优点和缺点，以及他们在未来生活中能够扮演的最好角色。如果做到了这一点，儿童便获得了自我认同，成为一个成年人。如果儿童在这一阶段不能获得自我认同，就容易产生"角色混乱"及"消极认同"。"角色混乱"指不能正确选择适应环境的生活角色，或者只是表面上承担一定的角色；"消极认同"则是获得某种社会文化环境所不予认可的角色。这些消极角色是儿童曾接触过但社会反对或不予容纳的危险角色。自我认同的形成有助于儿童形成诚实守信的美德。

6. 亲密对孤独（20—25 岁）

在成年早期，人们大多为寻求亲密的人际关系而尽量避免孤独，努力获得爱情并与另一个人分享生活。只有具备牢固的自我认同感的人才敢于冒与他人发生亲密关系的风险，热烈追求与他人建立亲密的关系。因为与他人发生爱的关系意味着要将自己的认同和他人的认同融为一体，这里有自我牺牲，对个人来讲甚至有重大损失。个体如果没有发展起与别人共同劳动和与他人亲近的能力，将会退回到自己的小天地而不与别人密切往来，这样便产生了孤独感。与亲密相对应的是"爱的品质"，主要的社会动因是爱人、配偶或亲密朋友。

7. 繁衍对停滞（25—60 岁）

到中年期，人们在创造的激情与停滞不前的倾向之间寻找平衡，他们要承担工作和照顾家庭、抚养孩子的责任，不能或不愿意承担这种责任会变成停滞或自我中心。如果一个人顺利地渡过了自我认同期，又在接下来的岁月中过上了幸福和充实的生活，那么他（她）将试图把带来所有这一切的条件传给下一代。他（她）或者与下一代直接相互作用，或者生产能提高下一代精神和物质生活水平的财富，艾里克森称这种人为关心下一代的人。如果一个人不能关心下一代，或者不能完成上述活动，那他（她）就是一个"自我关注"的人。这种人只关心自己，人际关系缺乏。关心下一代的人可以发展出"关心的品质"，具有这一品质的人，能关心他人的疾苦和需要，给人以温暖与爱。

8. 自我完善对绝望（65 岁以后）

到了老年期，人们追求智慧和生活的满足，在成就感与缺憾之间寻求平衡。艾里克森认为，大多数人到老年时都能保持原来的状态，但老年人还有一种危机感要克服，即过去的岁月和经历与走向死亡的必然性，使老年人要么产生完善感，要么产生绝望感。有幸福生活和有所贡献的人，他们有完善感和充实感，不惧怕死亡。这种人在回顾过去时自我是整合的，怀着充实的感情准备与人世间告别。而在以往的经历中带有挫折的人，回顾过去时则会感到绝望，因为他们生活中的某些主要目标尚未达到就要匆匆离开人世，他们留恋生活，没有死亡的准备。如果一个人的自我完善胜过了绝望，他就有了智慧的品质，即以超脱的态度对待生活和死亡。

三、沙利文的人际关系理论

哈里·沙利文（Harry Sullivan，1892—1949），一位出生于美国的新精神分析学家。他受教育的情况很糟糕，因考试不及格而离开大学，后来他从一个不久就关闭了的医学院得到了医学学位。沙利文通过对精神分析理论的研究，特别是通过对精神分裂症病人的治疗，创建了他自己的人格理论——人际关系理论。沙利文认为，无论是现实的人格还是我们想象的人格，都不能脱离人际关系而存在；人格不能与复杂的人际关系相隔绝，人们生活在这种复杂的人际关系中，并成为他（她）自己。我们只有观察人们对各种人际情境所做出的反应，才能了解他们。

　　沙利文强调良好人际关系，特别是青年期良好人际关系的重要性，这可能与他本人经历过的困难和创伤有关。例如，沙利文提出母亲的焦虑会转移给她的孩子，这或许是源于他与自己母亲之间的不良关系。他的母亲患有抑郁症，沙利文是家里的独生子（他的两个哥哥都夭折），他的儿童期是孤独、隔绝的。周围都是新教徒的家庭，他家是唯一的爱尔兰天主教徒。沙利文强调青少年时期人际关系的重要性，或许是他紊乱的青少年时期的反映。沙利文的学术背景不像大学者们那样辉煌，1909 年读大学一年级时，因所有课程都不及格而被康奈尔大学开除。第一次世界大战后，沙利文因在巴尔的摩和华盛顿特区私人医院成功地治疗了精神分裂症而名声大振。

　　与弗洛伊德一样，沙利文强调早期经历对成年期人格发展的重要意义，他对儿童与母亲之间的关系特别感兴趣。与艾里克森一样，沙利文认为人生最初几年以后，人格仍在继续发展。他提出人格发展的序列有七个阶段：婴儿期、儿童期、少年期、前青年期、青年前期、青年后期和成年期（见下表），不同文化背景中成长的儿童会经历完全不同的发展阶段。沙利文认为，人生来具有一种自我调节和整合的功能，促使人的潜能向完善的方向发展。在这一发展过程中，人格具有连续性，个体必须达到某种能力的成熟后才能意识到外界环境中的种种人际关系，从而加以对待和适应。

沙利文的人格发展序列

发展序列	时期	标志
婴儿期	（0—1 岁）	出生
儿童期	（1—5 岁）	获得早期语言
少年期	（6—8 岁）	需要玩伴
前青年期	（9—12 岁）	需要同性"密友"的亲密关系
青年前期	（13—17 岁）	成熟期和性冲动，需要异性间的亲密关系
青年后期	（18—20 多岁）	对发展长期的性关系感兴趣，对职业和挣钱感兴趣
成年期	（20 多岁以后）	建立自己的职业生涯、成年人的友谊、长期的性关系

第一阶段：婴儿期。这时婴儿处于无能状态，只要求得到生理需要的满足，认知经验处于与环境混沌不分的未分化阶段。婴儿与母亲的情感体验息息相通，沙利文称这种交流为"口腔期的相互作用"。在该阶段末期，认知经验表现为内部尚缺乏共同有效性意义的不完善反应模式，母亲因对婴儿持赞许或不赞许态度而被他（她）视为好母亲或坏母亲的象征，与此同时，还出现了被别人视为最初自我的好我和坏我。

第二阶段：儿童期。由于语言的发展，儿童已经能学习文化，自我系统仍按赞许或不赞许的形式积极生成。当儿童感到与别人交往难免会遇到非难时，他（她）就开始习得升华作用这种防御功能，反之他（她）就学会运用分裂和情动性反应错乱两种防御功能。

第三阶段：少年期。这时个人的认知经验开始达到综合模式，已经能认识各种不同符号之间的逻辑关系，接受它们的共同有效性意义，这个过程要持续到青年后期。少年期已经社会化，懂得了竞争与合作，其自我动能的主要方面是保持名誉，同时不仅学会了主动避开不感兴趣的事物，而且学会了区别现实与幻想。沙利文认为，这时的少年往往过早以成人的文化定型自居，对于很多人来说，这个时期是一个人格发展的危险期。

第四阶段：前青年期。这一阶段的特点是出现了新的需要——与同伴建立亲密关系。其主要任务是从自我中心转向爱情，能够体会到别人的满足和安全与自己的同等重要。这一时期我们可以普遍看到儿童结交亲密好友的现象。这种特殊的友谊有多种心理作用，它使儿童开始了解别人的需要，儿童体验到的被接纳和友谊感也证实了他们自己的价值。因此发展和形成这种前青年期的关系，是人际关系发展的重要一步。不能体验到这种关系的儿童会感到孤独，这种痛苦的情感会延续到成年期，在以后的人生旅途中，他们在人际关系方面可能会遇到困难。

第五阶段：青年前期。伴随着青春期带来的生理变化，青少年出现了异性间的强烈吸引。但是，在西方社会，这种新需要的满足常常与其他需要的满足相"冲突"。青少年必须在三种需要之间作出区分和平衡：个人安全的需要、亲密关系的需要和欲望满足的需要。对大多数青少年来讲，这期间他们的自我价值观受到了打击，由于自我价值常常成为性吸引力和性行为的同义词，因此感觉到自己没有性吸引力或在性行为上落后于其同伴的青少年可能会出现自卑感。进一步的冲突则来自于父母，对于孩子的性冲动，父母常常不知道怎么办才好，很多父母常诉诸荒谬的干涉，而这又进一步粉碎了敏感的年轻人的自我意象。

专栏

青春期必然是一个心理混乱的阶段吗?

在评估有关青少年"狂风暴雨"的说法之前,我们需要考察三种青少年行为的领域:①与父母的冲突;②情绪不稳定;③冒险行为。研究表明,青少年狂风暴雨的说法有一部分是真实的。在美国,青少年的确在上述三个方面都存在日益严峻的适应困难。青春期与父母的冲突逐渐增加,青少年比非青少年报告有更多的情绪改变和极端情绪,以及青少年比非青少年从事更多对身体而言更具危险性的活动。所以,青春期对一些孩子来说可能是一个心理负担和冲突加重的时期。

但是,大量发现青少年心理问题的数据只限于青少年中很小的一部分。多数研究发现,只有约20%的青少年经历明显的心理困扰,而另外的多数青少年整体上经历的是积极的情绪和与他们父母及同伴和谐的关系。此外,发现具有情绪困扰和与父母的冲突大部分限于那些具有明确的心理问题的青少年,这类问题如抑郁和执行障碍,也包括那些有破裂家庭背景的青少年。所以,担心青少年的那些说法基本上是站不住脚的。相反地,"狂风暴雨"的表现是例外而不是常规。一项对73名男性青少年追踪了34年的研究,没有发现任何证据来支持这样一种说法,即完全适应环境的青少年会在以后的生活中遇到大大的问题。这些发现证实了安娜·弗洛伊德说法的错误性,她认为看起来正常的青少年事实上是不正常的,成年阶段注定会遇到心理困扰。

跨文化的研究也表明,在许多传统的和非西方的社会里,青春期是一个相对平和、稳定的时期。例如,在日本和中国,青春期通常不会发生什么事故。在日本,80%~90%的青少年把他们的家庭生活描述为"有趣的"

和"讨人喜欢的",他们说与自己父母的关系是积极的。在印度、东南亚和阿拉伯世界的大部分地区也发现不存在明显的青春期混乱现象。此外,有证据显示,随着这些地区西方化程度的加深,青少年的成长困难开始增加。现在还不知道为什么青春期困扰在西方文化中要比在非西方文化中更常见,一些学者认为,与多数非西方文化相比,西方文化的父母倾向于对待他们的青少年更孩子化,而不是像要求成人那样要有权利意识和责任感,所以青少年可能反抗他们父母的严格要求,并做出反社会的行为。

引自:〔美〕斯科特·利林菲尔德等. 心理学的50大奥秘. 衣新发等译. 北京:机械工业出版社,2012.45~46.

青少年时代的最后几年,人们进入了青年后期,这时他们感兴趣的是投入令人满意的性活动,并建立长期的关系。另外,这个阶段标志着他们向面对职业、关心经济问题的成年人过渡。沙利文指出,人们如何经过这个阶段,很大程度上取决于机遇。有幸进入大学或接受其他专业训练的人,顺利进入成年期的机会就更多。也正是在青年后期这个阶段,人们要为他们早期减少焦虑的策略付出代价。过去采取选择性不注意策略的人,会形成混乱的自我人格,结果他们建立良好人际关系的能力和职业能力都受到了严重阻碍。

第五章

人格发展的基本问题

一、遗传还是环境

遗传还是环境，或者说天性还是教养，是人类发展过程中的一个永恒话题，也是一个两难问题，无论强调哪一个重要，对另一个都有不妥。所谓遗传是指从亲生父母那里继承的一些先天特征或特质，环境则是指个体从母体受孕开始所经历的所有外部世界以及通过各种经验所学到的知识技能。这两个因素对于发展的作用孰轻孰重，心理学家一直争论不休，以下是两种对立的观点：

人的主要缔造者是遗传而非环境……世界上几乎所有的痛苦和快乐都不是环境带来的……人与人的差别是与生俱来的、在胚胎时期就被决定了的（Wiggam，1923）。

给我一打健康的儿童，在由我设计好的特定世界里把他们养育成人。我可以保证，无论其天赋、兴趣、能力、特长和他们祖先的种族如何，我都能把他们随机训练成任何一种类型的专家，从医生、律师、艺术家、商人、政治家到乞丐和小偷（Watson，1925）。

遗传还是环境也是人格发展的基本问题，因为人格究竟取决于遗传（天性）还是取决于环境（教养），直接涉及人格能否教育、人格如何教育，以及健全人格塑造是否可能的问题。我们认为，简单笼统地争论谁的作用大或谁的作用小是没有意义的，对于心理发展而言，内容不同，天性和教养的作用也不一样，有些方面的发展受遗传的影响比较大（如一个人智力的高低），有些受环境的影响较大（如一个人品德的好坏）。在人格发展中，有些人格特质（如大五人格中的开放性）受遗传的影响大，有些特质（如大五人格中的责任心）受环境的作用大。那么，我们应该如何来理解两者的关系呢？

整体说来，遗传和环境是相互制约与相互作用的关系，我们不可能将两者完全割裂开来。可以这样认为，遗传为发展（包括人格发展）提供了一个总体的空间，环境决定了个体在这个发展空间中的高度。我们假定在后天提供非常理想和优越的环境下，当个体遗传基因中所包含的全部潜能都得到开发，他（她）的发展高度能够达到100%，这是一种最充分、最完整的发展（最理想的发展状况）。在这个整体的发展空间中，有些人能达到80%，有些人能达到50%，有些人也许只能达到30%，这种发展高度的差异取决于后天的环境和教养。但是，我们并不能因此而夸大环境尤其是教育的作用。事实上，当我们的遗传基因不包含某种特性（如飞行）时，教育无论如何都不可能起作用。现实中我们也看到，对于某些由基因决定的特性（如艺术天赋），教育的作用极其有限。

专栏

给孩子报
各种特长
班有必要
吗?

在遗传与环境的影响力比较中,还隐藏着更令人惊讶的现象。现在,很多父母不惜血本地为孩子做智力投资。考虑到目前全社会普遍认为教育对智力发展有决定性的作用,"早教热"的出现也在意料之中。甚至,一些父母会觉得如果没有坚持每天为小宝宝讲故事,没有带着孩子在音乐班、外语班、舞蹈班之间来回奔波,没有带着孩子去参加各种各样的文娱活动体验,心里就会产生所谓"让孩子输在起跑线上"的罪恶感。其实,尽管家庭教育很重要,但与大部分家长的认知不同,教育培养对孩子的智能其实只有非常间接的影响作用。

假设某个家庭有两个孩子,两个都是女孩,姐姐比妹妹大一岁。姐妹俩生活在同一个屋檐下,上同样的学校,父母用同样的方式养育她们。科学家称这两个孩子的成长为"共享"环境。现在,这些环境因素都会对两个姐妹的智力发展产生影响,但最关键的并不是她们的经历,而是这两个女孩对各种经历的个人反应。比如,或许两人都参加了游泳班和舞蹈班,但只有一个喜欢上课,而另一个不喜欢。姐妹两个都和父亲一起度过了几年时光,但其中一个跟父亲的关系比另一个亲近很多。父母一直教导她们要好好学习,但其中一个女孩似乎是充耳不闻。所以,对我们真正起作用的是"非共享"环境——每个人的个人体验。

我们是如何知道这些情况的呢?答案是来自对双胞胎的研究。假设一对同卵双胞胎从出生后就被分开,分别由不同的家庭收养,这对双胞胎都在收养家庭跟养兄妹一起长大。等双胞胎成年后,研究者发现,尽管他们与收养家庭的孩子分享同样的成长环境，但 IQ 值却明显不同。而双胞胎之间的 IQ 值却有很高的相关系数——尽管他们从来没有见过面——双胞胎和亲生父母的 IQ 值之间也有很大的联系，双胞胎和各自养父母的 IQ 没有任何关联性。由此可以清楚地看出遗传对我们智力的影响。

引自：[英] 丹尼尔·弗里曼，贾森·弗里曼. 别偷懒，你要学点心理学. 金笙译. 北京：中信出版社，2012. 30.

在解决遗传与环境问题方面，行为遗传学家为我们提供了一些新的测量方法。通过这些方法，人们可以较为详细地知道某个个体（或群体）的某种特质（或特征）的发展受遗传和环境的影响分别有多大。不过，几乎所有的研究都表明，个体的发展是遗传与环境共同作用的产物。即使像智力这种在很大程度上受遗传影响的特性，父母的激励、教育，同伴作用以及其他一些因素都会对其产生一定的影响。目前，大多数研究者都持一种折中的观点，认为遗传和环境的作用不是绝对的，人类所有的复杂特质，如智力、气质和人格，都是生物遗传和后天环境长期相互作用的结果，并提醒我们不要过多地考虑遗传和环境的对立，而应更多地去考虑两者如何交织在一起促进人的发展变化。

二、连续性还是阶段性

如果问一个 3 岁的幼儿和一个 13 岁的青少年有没有本质区别，答案是不言而喻的；但是如果问一个 3 岁的幼儿和另一个 3 岁零 1 个月的幼儿有没有本质区别，答案就没那么肯定了。一个人的人格发展是逐渐形成的过程还是突然发生变化的过程？每个人都会觉得自己现在的人格特征和过去非常相像，但又不完全一样，既是连续的又是阶段性的。在人格发展连续性的一端，可将人格的发展视为分小步发生的一个累加过程，而不是突然变化。反之，阶段性的观点将通向人格成熟的道路描绘成一系列突然发生的变化，每一次变化都将儿童推向一个更新、更高的发展水平，人格发展是一条不连续的曲线。

人格发展的连续性与阶段性问题还涉及发展变化究竟是量的变化还是质的变化。从辩证法的角度讲，量变是质变的基础，质变是量变的飞跃，量变是程度上的变化。例如，儿童长得越来越高，每长一岁，他们跑得更快一些，他们学习到越来越多的关于周围世界的知识。质变是类型的变化，亦即与原来的样子相比，个体发生了本质上的改变，如从蝌蚪到青蛙的变化就是质变。同样，从不会说话的婴儿到说话很流利的学前儿童，这是质变；性成熟的青年和刚进入青春期的少年相比，也是质的不同。连续性理论家认为，人格发展变化是逐渐发生的、量的变化；而阶段性理论家则认为，人格发展变化是突然发生的、质的变化，需要经过一系列的发展阶段。每个阶段可能都代表在一个更大发展序列中的一个不同时期。同时，每个阶段都与前一个阶段和后一个阶段有质的不同，例如我们在上一章讲到的几个关于人格发展的理论对人格发展几乎都持阶段性的观点。

人格发展的连续性与阶段性问题还有第三个方面，即早期发展与后期发展是紧密连接着，还是生命早期发生的变化很少影响到后期结果？连续性即表明早期发展与后期发展是紧密联系着的。例如，一个外向、活泼、开朗的少年在其婴幼儿时期必定也是一个活泼的、精力旺盛的小孩，两者之间是连续的、一致的，这种连续性和一致性具有跨时间的稳定性。例如，攻击性强的学步儿童自然而然地变成了爱打架的小学生和青少年，好奇心强的学前儿童后来被看作为创造性较高的成人，这种连续性的观点就得以证明。但是，现实生活中也常常会出现与连续性观点不同的反例，小时候人格有问题的小孩并不一定意味着长大后人格有问题。每个人都有变化的可能性，这种变化在某种条件下（如环境发生变化）是一种质的变化，正所谓"女大十八变"，人格也是如此。

关于人格发展的连续性和阶段性，不同国家和社会文化往往赋予其不同的地位。例如，在亚洲和太平洋的一些国家和地区，用来描述婴儿特性的一些词语从来不用于描述年长的儿童；成人说的词汇，如智力和愤怒，也从来不用来描述婴儿。这些文化中的人将人格看成是不连续的，婴儿被看作与成人截然不同的人，无法用相同的人格维度对婴儿作出判断。相反，北美和北欧国家的人们则更倾向于认为发展是一个连续的过程，他们从婴儿气质中寻找成人人格的萌芽。我们认为，应该用一种辩证的眼光来看待人格发展的连续性和阶段性问题：人格的毕生发展分成若干阶段，每个阶段内部都有其本质的特点，婴儿期不同于幼儿期，青年期不同于中年期，这是发展的必然。但是，在人格发展由一个阶段向另一个阶段过渡的过程中，这种发展是连续的、渐变的，如果不考虑这种连续性，那么就不可能解释诸如"三岁看大、七岁看老"一类的常识问题。

三、稳定的还是可塑的

如果问你和 10 年前相比人格有没有变化，你会怎么回答？10 年之后你的人格会变化吗？小时候的你和现在的你有什么不同？诸如此类的问题都涉及人格是否可以改变的问题。发展意味着变化，人格发展预示了人格变化的可能性。然而，人格研究以人格的稳定性和一致性为前提，我们很难想象今天是外向的、冲动的人明天变成内向的、害羞的情形。现实中也如此，一个热情友好的人多数时候、多数场合都是热情友好的。那种随时随地变幻莫测、言行不一致、表里不如一的人通常会被认为是不正常的人。研究表明，婴儿出生时所表现的先天气质将贯穿其一生的发展，在此基础上形成的人格特征具有相当的稳定性。但是，人格的改变和可塑性也是毋庸置疑的，个体从出生的那一刻起就在不断地发展和变化，由不成熟、不完善逐渐走向成熟和健全，后天的环境与教养无疑对人格有重大的改造作用。

人格是稳定的还是可以塑造的这一基本问题，在很大程度上取决于人格在多大程度上是由遗传还是环境决定的。如果人格是由遗传决定的，那么它就是稳定的；如果是由环境决定的，那么它就是可塑的。但是，正如我们上面分析的那样，心理学家对此并非持非此即彼的观点，他们更关注人格在什么情况下以及人格的哪些方面是稳定的或是可以塑造的。回顾一个人的成长历程我们可以真实地感受到，个体在成年后比发展的早期更具有稳定性。举例来说，一个人在出生后的第一个 10 年，无论是哪一个方面的发展（包括人格），其变化都是最剧烈的，而在接下来的第二个、第三个……到最后一个 10 年，变化会依次减小，直至稳定不变。当然，这只是从一般情况分析，每个人的遗传素质都不一样，成长的环境不一样，人格的稳定性和可塑性自然也有很大的个体差异。

关于人格是稳定的还是可以改变的，心理学家持两种观点：一种观点认为，人格特征可以重新塑造，即使不是全部重塑，至少也可做到新的自我不会重蹈覆辙；另一种观点则认为，大多数人的人格特征在 20 岁左右甚至更早的时候就已经定型，以后很难改变，所以人们应当相互接纳、相互适应。人本主义大师马斯洛就曾指出，决定一个人人格的关键不在于基因或童年期经历，而在于他（她）的动机或需要以及他（她）如何去满足这些需要。他还认为，每个人都经历过人生巅峰的时候，遗憾的是这并不意味着人人都完成了自我实现。究其原因，大多数人对处于人生巅峰的珍贵时刻熟视无睹，他们无视宇宙间那些令人叹服、令人敬畏的方方面面，而是把注意力仅仅集中于满足低层次的需求之上。对于一个正常的个体来说，需要的满足不是生活的全部，他（她）还要不断追求自我实现，在这一过程中，人格也在不断发展和健全。

对待人格变化的问题，持环境决定论的行为主义则更极端，约翰·华生（John B. Watson，1878—1958）说给他一打健康的婴儿和一个良好的环境，他可以将他们塑造成从乞丐到总统当中的任何一种类型的人。精神分析的创立者弗洛伊德则指出，一个人的人格早在 5 岁左右就已经定型，以后的发展只是在此基础上的修修补补，并在一生中保持相对稳定。他还打比方说，人格的结构就像我们的骨骼系统，每个人的骨骼的框架、结构在出生的头几年就已经固定好了，无论年龄怎么增长，我们的骨骼只会变粗、变长，但其基本的框架、结构不可能改变。人格也是如此。特质心理学家认为，在整个成年期，尽管个体在不同的情况下行为会有所不同，但其心灵保持稳定。"当孩子离开家之后，当年老的父母需要照顾之时，当一个人从终生的职业中退休之后，构成行为主体的日常秩序就会发生深刻变化，但是这些变化并不等于人格的变化。这些变化的出现是外在需求的反映，而不是内在的发展。"（McCrae & Costa，1994）尽管如此，这些研究者还是认为，应激源即生活中经常发生的重大事件或挫折是造成人格突变的主要原因。

事实上，对处在各种不同环境中的个体而言，人格并非不可改变，文献早已记载了相当数量的病例：在长期、巨大的压力下，人格确实发生了本质的变化，重大的战争及灾难就是典型的例子。想想那些经历过汶川地震的人，有些人顷刻之间一无所有（包括亲人），有些孩子一夜之间变成了孤儿，可以想象他们在未来的人生中将会有怎样的变化。人格发展的稳定性与可塑性涉及人格研究领域的一个重大问题，即环境因素如教育、培训、辅导及治疗可以在多大程度上改变一个人的人格。无论变还是不变以及怎么变，我们更应该关心的是人格在什么情况下变、什么情况下不变，这种改变是量的变化还是质的变化。很显然，重大的疾病和生活经历（如父母离异、灾难性的事件）、教育、环境的变化等都有可能使人格发生改变。对于老师来说，如何教书育人和对待他（她）的学生是塑造学生人格的关键。

专栏

对童年期自愈力的低估

有关童年期遭受的性虐待及后来的心理障碍的研究告诉我们一个有价值却不受重视的教训：在面临压力时，大多数儿童是有心理弹性和自愈力的。流行心理学低估了童年期的自愈力，认为儿童在应对压力事件时不堪一击，是一种非常脆弱的生命。然而这个"童年脆弱的神话"也与科学证据相反。

例如，1976 年 7 月 15 日，在加利福尼亚州的乔奇拉，有 26 个年龄在 5—14 岁的儿童遭受到了噩梦般的绑架。孩子们和校车司机作为人质被困在校车里长达 11 个小时，又被困在一个货车里 16 个小时。在货车里，他们只能通过一个很小的透气孔呼吸。非常神奇的是，孩子们和司机设法逃了出来，而且所有的人都没有受伤并且生存了下来。两年之后，尽管大部分儿童仍然无法忘记这场事故，但是所有当事人都调节得不错。

再举第二个例子，许多流行心理学读物都告诉我们，父母离婚一直给儿童的情感发展带来长期的严重伤害。一家处理离婚的网站认为："孩子们真的没有这种自愈力"，而且"离婚留给孩子的是，在一生中，他们长期无奈地承受着父母离婚后所带来的消极后果"。在 2000 年 9 月 25 日，《时代》的封面故事"离婚对孩子意味着什么"又增加了以上观点的可信度，同时还指出，最新研究发现，离婚给孩子带来的深远伤害远比我们预期的要多。这是由朱蒂斯·沃勒斯坦对 60 个加利福尼亚州的离婚家庭进行长达 25 年的追踪研究所得出的结论。沃勒斯坦指出，虽然这些孩子看似已经从父母离婚的阴影中走了出来，但是离婚带来的影响是持久和稳固的。许多年以后，这些孩子会在建立亲密的浪漫关系以及确定职业目标时重新遇到问题。但是，沃勒斯坦的研究并没有设计控制组进行比较，比如，与因父母发生车祸或其他除离婚之外的原因与父母分开的群体进行比较。因此，这个发现只反映了家庭分裂带来的压力，而不能说是离婚本身带来的影响。

事实上，许多设计很好的实验表明，尽管孩子们几乎一直会发现离婚带来的压力，但是他们中的大多数不会有父母离婚的阴影，或者说并没有受到长期的心理问题的困扰。总体而言，这些调查表明75%～85%的孩子都能够很好地处理和应对父母离婚所带来的压力。另外，当父母离婚前曾有激烈的冲突时，离婚带来的影响非常小，这可能是因为孩子们发现离婚是父母逃离相互责难的最好办法。

引自：〔美〕斯科特·利林菲尔德等. 心理学的50大奥秘. 衣新发等译. 北京：机械工业出版社，2012. 154～155.

四、个性还是共性

人格发展和教育还涉及一个两难问题，即关注个性还是共性，这里的个性是指独特性，共性是指普遍性。几年前，有一位电视台的记者就某中学老师在课堂上强制给一名女生剪头发的事情采访过我，问我对此有何看法，我还记得我当时的态度很明确：反对这种不尊重人尤其是不尊重个性的做法。学校要求所有的男生将头发剪成一寸长的平头，要求所有的女生将头发剪成齐肩长，结果有一位女生偏不剪，因此就出现了老师强制给学生剪头发的事件。其实，这样的事件不止一两起。几年前，我带学生到一所中学实习，学校的一位教导主任在自习课上也是强行将一名男生头发剪短，结果这个学生回到家以后扬言要自杀。我们姑且不论其中是否存在过错，就"剪头发"事件本身来说，它折射出我们国家的学校教育要培养什么人的问题，长期以来我们的教育存在一个不争的事实：培养学生的共性比个性更重要。

从我们的教育方针来看，学校教育要培养德、智、体、美、劳全面发展的人才，这是学校总体上对人才的要求，也是社会对于人的要求，符合社会发展的需要。但是，从个体发展的角度分析，每个人都是独特的，从遗传素质到成长环境，人与人之间都存在很大的差异性，相互之间不具有可比性。正因为如此，每个人都有自己的个性，一些人可能擅长这个，另一些人可能擅长那个；有些人可能在这方面发展得好些，另一些人可能在那方面发展得好些。我们不可能指望所有的人都能够得到全面发展。因材施教是学校教育的基本原则，即老师要根据学生的个体差异来进行教育和教学，但在现实中，这种原则像一纸空文。无论学生愿意不愿意，都必须按照这一方针发展，必须考出一个好成绩，考取一所好学校，此外别无选择。我们将这种教育称为"去个性化"的教育——用同样的标准、同样的要求去规范每一个学生。平时学生的表现如此，考试的时候更是如此，不管什么科目，都力求标准化，答案永远是千篇一律、千人如一的。在这样的教育下，学生身上无论有什么样的棱角，最后都会被磨平。

从小孩出生的那天起，父母心中就有一个"育儿"的标准：让小孩成为一个有出息的人。为此他们会给小孩设置很多条条框框，动不动就用那些好的、有出息的榜样来教育和训斥小孩。慢慢地，孩子们会逐渐放弃自己的想法，完全按父母的意愿去行事。等后来到了学校，规则和要求就更多，老师们最擅长的就是树榜样、立标兵。打从孩子们进校的那天起，他们就像训练军人一样训练学生，从坐姿、站姿到举手、提问、发言，无一不是从严要求，而且无一例外。有一次，我就亲眼看见一所幼儿园的小孩做完早操之后，因为一两个孩子在整理队伍的过程中没有站整齐，老师就让全班的小朋友在寒风中足足站了 10 分钟，要知道他们只是 3 岁多的小孩。在学校，学生举手的时候手不能离开桌面，不能同时举两只手，平时不举手的时候两只手必须平放在桌面，不能随意做小动作等。这样一来，小学低年级的时候还有很多学生举手回答问题，小学高年级时举手的学生已经不多了，到中学的时候举手的也只是那些学习较好的、老师较喜欢的几个学生，等到上了大学，已经没有学生举手发言了。

父母喜欢乖巧的小孩，老师喜欢听话的学生，看似是便于管教，实际上就是鼓励他们投其所好，最终放弃自我。在发展学生的个性与共性的问题，我们并不主张谁比谁更重要，而是应该将人的发展规律与社会的要求统一起来。在发展的问题上，我们不必夸大个性的作用，更不提倡那种目中无人、唯我独尊的特异性表现。一个人必须遵守社会的基本规则、伦理道德、法律法规，应该懂得人情世故，这是社会对每个人的要求，不以人的意志为转移。老师认真教书、学生勤奋学习，这是天经地义的事，但这并不妨碍一个人成为他（她）自己，除非人为地将一个人变成另外一个人。无论如何，教育要在尊重一个人的独特性这一前提下去培养人，去促进人的发展。

第六章

人格发展的具体问题

　　人的发展是一个连续的过程，无论发展得好或者不好，我们都不可能将发展的阶段割裂开来理解。胎儿时期的问题，会影响到出生后的发展；婴幼儿时期的问题，会影响到学龄期的发展；中小学出现的问题，会带入到大学直至成年后的发展。做父母的不能单单指望老师把自己的小孩教好，小孩出了问题也不能只寄希望于学校解决；做老师的也不能一味责怪家庭教育不当。这种踢皮球的做法不利于孩子的成长。我们觉得，父母和老师应该多去关注孩子的成长过程，分析每个发展阶段应当重点解决什么问题，有时间的话去找一些儿童心理学方面的书看看。

　　根据儿童心理发展的特点及其人格发展的规律，心理学专家指出，儿童在每个年龄阶段都有一些特定问题（危机）要解决，有一些特定的任务要完成，这些问题的解决与否直接关系到下一个阶段的发展问题。比如说，婴幼儿时期没有和父母建立起安全依恋关系的小孩，学龄期就很难和同学建立比较和谐、稳定的人际关系。换句话说，上一个阶段的问题没有解决好，就会像滚雪球似的带入下一个阶段，从而形成一个更大、更严重的问题。有时候我们会看到这样的报道，某个一向被父母和老师认为比较乖巧听话的小孩突然做出一些极端的行为（如离家出走或自杀），这就是压力累积的结果。西方有句谚语：最后一根稻草压死了骆驼。处理好每个年龄段发展的具体问题，是塑造儿童、青少年健全人格的关键。

一、婴幼儿时期的人格发展

（一）信任感和安全感的问题

根据弗洛伊德和艾里克森的理论，婴儿在这一时期主要是满足口腔的欲望，并在此基础上与母亲或其他抚养者建立起一种"基本信任"或"不信任"的原型，这是今后人格发展的基础。在出生后的头几个月，婴儿需要获得信任（让他们形成亲密关系）与不信任（能够使他们保护自我）之间的一种平衡。如果信任处于支配地位，婴儿就会觉得他们的需要能够得到满足，愿望能够实现；如果不信任处于支配地位，婴儿就会认为世界是不友好的或不可预测的，因此很难形成亲密的关系。婴儿信任感的获得主要取决于照料者在多大程度上满足婴儿的各种需要。艾里克森指出，获得信任的关键因素是敏感、积极回应和一致性的照料。

毫无疑问，进食和与进食有关的经验是婴儿早期的主要经历。如果婴儿的口腔欲望能够得到及时、有效的满足，那么他们就会形成对周围人尤其是抚养者和世界的安全感、信任感，否则便有可能产生不安全感甚至敌意。婴儿的依赖性起初与进食问题联系在一起，他们一般会对母亲产生依赖，这不仅因为母亲是儿童食物的提供者，而且是生活的照料者。儿童早期对母亲的生理依赖很可能与后期依恋的形成有直接关系。婴儿希望饥饿时能够得到及时喂养，这会让婴儿觉得母亲是这个世界上唯一可信任的人。信任使婴儿允许母亲离开视线，"因为这时母亲在婴儿心中既具有确定性、又具有外部预测性"（Erikson，1950）。这种内部信任为将来克服更多的困难奠定了坚实的基础。

（二）社会性依恋的问题

婴儿期的另一主要任务是形成与抚养者的情感纽带——社会性依恋。依恋是指婴儿与养育者之间一种互惠的、持续的情感联结，以相互关爱和希望保持亲近为特征。对于婴儿来说，依恋具有适应性的价值，它可以确保婴儿的心理需要和生理需要得到满足。依恋不仅是婴儿和养育者之间的一种情感纽带，而且也是此后一切人际关系的基础。研究表明，在婴儿期不能和养育者建立起安全依恋关系的小孩，在学校也很难建立起良好的伙伴关系，继而影响到成年后的人际关系。研究还表明，大约有65%的婴儿能够与父母建立起安全的依恋关系，亦即还有35%的婴儿和养育者建立的依恋关系是不安全的。那么，依恋的形成以及安全型依恋关系的产生到底取决于哪些因素呢？

专栏

你的小孩属于哪种依恋类型？

（1）安全型依恋（约占65%）。母亲在场的时候，有这种依恋类型的小孩会把母亲当作安全的基地，会独自离开母亲去探索，偶尔也会回到母亲身边寻求开心。当母亲离开时，婴儿会明显感到不安，甚至哭泣或抗议；当母亲回来时，他们会感到非常开心，并且有温暖的回应。他们通常愿意合作，相对较少生气。如果他们感到很压抑，就会寻求与母亲进行身体接触以缓解压力。当依恋对象在场时，安全型依恋的小孩对陌生人比较随和大方。

（2）抗拒型依恋（约占10%）。属于不安全依恋。这种依恋类型的小孩大多数时候都紧紧地靠在母亲身边，很少有主动的探索行为。当母亲离开时他们会感到非常焦虑和压抑，而当母亲返回时他们又表现得非常矛盾：他们会接近母亲，但看上去对母亲的离开还在生气，他们甚至通过踢或扭动身体来抗拒母亲主动的身体接触。抗拒型婴儿对陌生人保持相当戒备，甚至当母亲在场时也是这样，他们很少去探索，也很难被安慰。

（3）回避型依恋（约占20%）。这也是一种不安全依恋。有这种依恋类型的小孩在和母亲分离时很少表现出抑郁和哭泣，当母亲回来时则表现出拒绝，甚至当母亲想主动引起他们的注意时，他们也仍然表现得很冷漠。他们往往会生气，在需要帮助的时候不会表达需求，他们不喜欢被单独留下来，更不喜欢被斥责。回避型婴儿对陌生人比较友善，但有时又会像忽视自己母亲那样回避和忽略这些陌生人。

（4）组织混乱型依恋（约占5%）。这可能是最不安全的依恋。它奇怪地混合了抗拒型和回避型依恋，婴儿对于接近还是回避母亲犹豫不决。当母亲回来时，这类婴儿往往高兴地迎接，接着便掉头离开，看起来不知所措。他们常常表现出矛盾、重复或混乱的行为，如向陌生人而不是向母亲寻求支持。那些对母亲不敏感、受过干扰、受过虐待或功能受损的婴儿更可能表现出这种依恋类型，例如早产儿、患自闭症或唐氏综合征的儿童以及母亲是酒精滥用者的儿童。

早期的一些心理学家认为，社会性依恋的根源在于婴儿与抚养者的亲密关系，正是母亲的喂养导致婴儿身体紧张的减少。按照精神分析学家弗洛伊德的观点，谁满足我的口腔欲望我就喜欢谁。艾里克森也认为，母亲喂养会影响婴儿依恋的强度和安全感，且在婴儿期习得对照料者不信任的儿童可能在整个生命历程中都回避亲密的相互信任关系。

然而，美国动物心理学家哈利·哈洛（Harry Harlow，1905—1981）1958年的研究却表明，依恋行为可能不依赖于食物的来源和饥饿的减退而产生，进食和紧张降低的舒适感的联结只是加强了依恋的程度，但这不是依恋产生的唯一原因。哈洛用铁丝做了一个金属"母亲"，在它胸前有一个可以提供奶水的装置，然后又用绒布做了一个绒布"母亲"。他写道："一个是柔软、温暖的母亲，一个是有着无限耐心、可以24小时提供奶水的母亲……"哈洛将一群恒河猴宝宝和两个代理"母亲"关在笼子里。几天之后，令人惊讶的事情发生了，猴宝宝很快依恋上了用绒布做成的代理"母亲"，他们每天紧紧拥抱绒布"母亲"超过12小时。只有当它们感到饥渴时才会爬到金属"母亲"身上一小会。

哈洛由此证明，婴儿对母亲依恋的首要原因是母亲身体的柔软、温暖，与身体是否同时作为食物来源并无关系。根据这一研究结果，依恋形成的关键原因可能是婴儿与养育者之间身体接触的舒适度。很显然，与父亲相比，母亲常常知道怎样让孩子更舒适，她们从对婴儿的抚摩到拥抱的姿势都非常讲究。因此，婴儿通常会对母亲产生强烈的依恋。当然，在后期的发展中，父亲通过与孩子游戏增进了相互之间的感情，依恋也得到了加强。

大多数心理学家认为，婴儿从安全型依恋获得的温暖、信任和安全感为以后健康的心理发展奠定了基础，不安全的依恋也许预示个体将来获得最佳发展结果的可能性较小。

不过贝尔斯基（Jay Belsky）认为，在过去 10 多年，我们对早期人格发展的看法产生了根本性的变革，在出生后第一年测量到的某些特征的个体差异能够预测或揭示儿童以后的人格发展，这其中包括儿童的社会性和情绪发展。例如，在 1.5—2 岁的婴儿与母亲的关系中，通过测量婴儿的安全感（称作"母婴依恋的安全性"）可以预测儿童在学龄期可能具备的能力。但是，这并不等于说母婴间的依恋将不可避免地影响儿童今后的人格发展，而是说婴儿从母婴关系中获得的最初、最基础的经验能够在很大程度上预示它对儿童今后社会性发展的重要影响。原因在于这种经验会影响婴儿对其所处世界的看法和期望，也会影响婴儿在其他社会情境中形成对自我以及社会技能的情感体验。

（三）环境刺激和社会性隔离的影响

从某种意义上讲，儿童早期的发展主要得益于大脑的发育，早期教育的目的也主要是开发儿童的大脑。很显然，除去人的因素外，儿童所处的客观环境是影响其发展的重要因素，因为婴儿每天看到什么、听到什么、触摸到什么与他们的大脑发育有密切关系。试想，让一个小孩单独待在一个四周是白色墙壁、里面空无一物的房间，那他（她）将会有怎样的发展？如果将墙壁涂上五颜六色，在房间播放一些动听的音乐或有趣的动画以及摆放一些可爱的玩具，那他（她）又将会有怎样的发展？可见，在作出有关早期经历对儿童人格发展影响的结论之前，还需要大量了解婴儿活动的具体细节。

婴儿期除了解决吃喝等生理需要的问题外，另一个就是感官刺激的问题。如果我们观察细致的话，就会发现婴儿在这一时期除了满足口腔欲望之外，其感觉器官也在不断地搜寻目标，他们尤其对那些鲜艳的、新颖的、独特的、活动的、有声的刺激目标感兴趣。研究发现，婴儿喜欢看漂亮的脸蛋、喜欢听动听的音乐、喜欢吃可口的食物、喜欢玩有趣的玩具，这些行为似乎是与生俱来的本能。一个有趣的现象是，婴儿都喜欢看电视广告，这一点足以给养育者一些宝贵的启发。

当然，与客观的环境刺激相比，人的环境即社会刺激显得更为重要。在一些经济条件较好的家庭，不愁吃不愁穿，小孩的所有需要几乎都能得到满足，家里的环境布置也特别温馨，什么玩具都有得玩，甚至小孩每天都由玩具陪伴，这种小孩会发展得好吗？未必，除非有人在左右陪伴，而且最好是父母陪伴。现实生活中我们经常看到，在一些条件比较好的家庭，儿童体验到的孤独感反而更强烈，因为他们中的一些人从小都由游戏机、手机、电视陪伴。总之，任何客观环境刺激都不能替代人的因素，做父母的应尽可能多地与小孩互动，避免让电子产品成为他们的"保姆"。研究表明，丰富的环境刺激和社会刺激（笑、轻拍）有助于促进儿童大脑皮层的发育和成熟，提高并加强儿童社会反应的倾向；而婴儿的面部反应，如微笑、发声反过来又使母亲更有可能去逗孩子发笑和发声，两者相互影响，从而进一步促进了婴儿依恋性的发展。这一时期，有经验的父母往往会在婴儿的摇篮或小卧室里做精心的布置，目的是为婴儿提供丰富的环境刺激。

丰富的环境刺激有助于儿童人格健全发展，反之单调的刺激或刺激剥夺则会对儿童人格的发展带来消极影响，甚至是不可挽回的损失。如果将孤儿院的儿童与正常家庭的儿童进行比较，那么就能发现两者的差异所在。研究表明，孤儿院的儿童无论在智力水平还是情绪反应、人际关系、行为习惯或其他人格特征等方面都与正常家庭儿童相去甚远，而且今后在社会适应方面可能表现出更多的适应不良，原因在于，与正常家庭相比，孤儿院不仅客观的环境刺激显得比较单一，而且社会资源非常匮乏，一个成年人往往要照顾几十个无家可归的小孩，他们缺乏亲人的关心与照料，缺乏亲子之间的沟通与互动。与孤儿院的孩子相比，我国大量的留守儿童是一个更值得我们关注的群体，他们中的大多数都处于半剥夺或半隔离状态。据统计，目前我国留守儿童超过 6 000 万，他们的父母外出打工，自己留守农村生活，与隔辈亲人或父母的亲戚、朋友生活，从日常生活到情感体验，他们都不能像正常孩子一样。对于这些孩子，无论家庭、学校还是社会，不仅要给予物质上的支持，更要给予情感方面的支持，以尽量减少因剥夺带来的消极影响。

根据大多数儿童心理学家的观点，婴儿期到 5 岁这几年是人格发展至关重要的时期。如果孩子生活在一个狭窄的世界，即使这几年儿童只失去一部分充分体验生活的时间，也很可能在以后的人生历程中产生人格障碍。在极端剥夺的案例中，受害儿童几乎不会说话，由于错过了语言发展的"关键期"，他们可能永远不能学好语言。没有语言，他们便无法推理，不会推理也就意味着思维方面有障碍，智力难免就要受到影响。在人格方面，受害儿童的人格发展大多都停滞不前，因为他们拒绝走向社会，所以只能在严格的监护下或局限于某个机构的保护下度过余生。心理学词典将这类儿童叫作"野生儿"。

文献记载最为悲惨的案例是美国加利福尼亚州的一个女孩，名叫珍妮。她出生于 1957 年，母亲很谦逊，但视力越来越弱，她的父亲经常殴打母亲。珍妮在 20 个月之前生活还算正常。父亲因自己的母亲意外死亡而精神失常，从那以后，这位父亲将珍妮关在一间卧室里，后来的 12 年中，珍妮被孤零零地关在这间被窗帘遮挡的小屋中，赤身裸体被捆在一个小孩大便用的椅子上，没有人跟她说话或玩耍，也没有玩具，偶尔只有一个空的奶酪盒子或线轴。她的父亲不能忍受声音，只要发出一点声音就对她严厉处罚，从而压制了她的语言发展。1970 年 11 月，珍妮的父亲对母亲使用了残忍的家暴，母亲在忍无可忍的情况下才带着珍妮逃到了城里。到此时，珍妮的苦难才为人所知。家庭援助机构的工作人员这才发现，13 岁半的珍妮是如何笨拙地拖着脚跟在母亲身后，于是便叫警察将珍妮带走，并起诉她父母虐待儿童。

珍妮身上具有"野生儿"典型的人格发育停滞的特点。她不会说话，思维仅停留在两三岁小孩的水平，只能吃婴儿食品，没有学会咀嚼固体食物，也不会控制自己的大小便。经过医生和语言学家 5 年的精心指导，珍妮学会了一些基本的语言，从而改善了她的思维能力，一些人格特质也开始出现。医生注意到她变得开朗了，但是她的开朗方式却因为语言发育过分迟缓而扭曲。例如，如果一个人不正面看着她，她就不知道如何跟那个人交谈。珍妮处理这个问题的方法是抓住那个人的脸，将它转向自己。青春期引发了她难以控制的性冲动，有时她的表现是光着身子到处乱走，并且当众手淫。在珍妮康复期间，她的母亲（被指控虐待儿童，但免于入狱，那位父亲几年前自杀了）经常来探视她。到 20 世纪 80 年代中期，这位母亲提出请求，得到了珍妮的监护权，并将珍妮转到了弱智成人疗养所，此后一直住在那里。

二、童年期的人格发展

(一) 攻击性行为

攻击是对他人施加伤害或损伤的行为，与加害的对象——受害者相伴随。如果一个小孩用锤子猛砸他（她）的玩具木塞板，父母一般会允许他（她）这样做，但如果他（她）猛砸自己的妹妹或其他小朋友，那么不仅父母不允许这种行为，而且社会环境也禁止这种行为。根据弗洛伊德的观点，人格发展的动力得益于生存的本能（即性本能）和死亡的本能（即破坏本能）。在他看来，儿童的攻击性似乎与生俱来，不学而能。我们常常发现，那些只有几个月大小的婴儿在生气的时候就会乱扔玩具，到后来发展到用东西砸人，但没有人教他这样。可见，与其他友好行为（如几个月的婴儿会陪伴身边同龄婴儿一起哭笑）一样，攻击性行为有遗传或进化的基础。不过，与动物遗传的攻击性的本能不同，人类的攻击性要受到许多规则的限制。从出生的那天起，父母会慢慢教给小孩一些行为表达的规则，让他们意识到哪些行为允许表现，哪些不允许表现，这其中包括攻击性行为限制和利他行为（助人、合作、分享行为）的鼓励。在整个幼儿期和童年期，儿童大量的行为主要通过观察与模仿获得，因此父母如何对待这种行为以及儿童观察到的榜样是行为习得的关键。

天底下没有哪个父母不关爱自己的孩子，但是有时候这种关爱尤其是无条件的关爱可能会纵容甚至助长孩子的不良行为，包括攻击性行为。孩子的成长需要家长的教导和指引，如何教导和指引成为塑造他们良好行为习惯的关键。以下是我自己的亲身经历：

有一次我带着小孩到公园去玩，当时小孩只有 3 岁多，在玩的过程中旁边有个 4 岁左右的小男孩莫名其妙地用一根木棍子狠狠地敲了一下我小孩的头，我小孩当场就被打哭了，但那个小男孩还不肯罢休，拿起棍子还想打，见此情景我赶紧抓住了那个小男孩的手，问他为何平白无故打人。我抓住小男孩的手还不到几秒钟，他就哇哇大哭，一边哭一边喊："妈妈，叔叔打我！"这时候，坐在一旁的妈妈立马赶过来，不分青红皂白就冲着我吼："你一个大人怎么欺负我小孩！"我跟这位妈妈解释说不是我欺负她小孩，而是她小孩无缘无故地打了我小孩。但是，无论我怎么解释，这位妈妈都一口咬定是我欺负她小孩，不讲理的妈妈带出了一个不讲理的孩子。最后，实在没办法，我只能带着孩子离开。不难看出，这个小男孩的问题在他的妈妈身上，看起来妈妈是为小孩好，是爱自己的小孩，实际上这种做法不只助长了小孩的暴力倾向，而且对小孩未来的发展也非常不利，问题儿童就是这样"培养"出来的。

父母的教育是儿童习得攻击性行为的一个因素，暴力的游戏、充满打斗场面的电视节目以及各种媒体对暴力的过分关注和报道是助力儿童攻击性行为的另一个重要因素。现在，只要打开电视，不论是成人看的电视节目还是儿童看的动画片，似乎找不到没有暴力因素的节目，从中央台到地方台都是如此。以动画片为例，从早期的《猫和老鼠》到后来的《喜羊羊和灰太狼》以及近两年风靡全国的《熊出没》，这些动画片从头到尾都充斥着暴力，而且在黄金时间滚动播出。2013 年 9 月 11 日《中国艺术报》刊发了一篇题为"《熊出没》中不适宜的暴力"的文章，作者在文中指出：

影片披着环保主义的外衣，却在行暴力整人之实。……《熊出没》里弱小的一方本应是人，从身材上看，熊无论如何都不应该害怕光头强，一个正常人也无论如何都不该追着两只熊去打架，所以这部影片没有很好地营造出观众对主人公的一种关照和怜悯感，观众完全是在一场其实并不太成立的对抗中哈哈笑而已。……《熊出没》的故事本来就离现实生活很远，认同感就比较低，再加上光头强动辄使用枪支、炮弹、电锯等机械来实施对抗，更加拉大了影片与观众间的距离，且对抗完全是暴力属性的。这种暴力行为在动画片中出现是极不合适的，小孩子很容易模仿并造成无法挽回的伤害。……把对抗等同于整人，以互相算计、互相对骂、互相伤害、互设陷阱的整人文化为噱头，博取观众的眼球，这无疑是以牺牲社会效益为代价换取商业利益。

早在 1965 年，美国著名心理学家阿尔伯特·班杜拉就通过严格的实验研究证实：电视节目中的暴力镜头会导致儿童的攻击性行为。他指出，儿童的学习方式主要是观察和模仿，行为在没有强化的情况下也能获得，他们仅仅通过观看社会榜样的行为就可以学习。与直接学习相比，潜伏学习所占的比例更大，儿童习得的行为远远多于表现出来的行为。例如，在现实生活中，很多小孩可能并没有表现出攻击性行为，但这并不等于他们不会欺负别人，一旦有机会（如不会受惩罚且又对自己有利），他们很可能就会使用暴力。由于年幼儿童在观看电视节目的过程中不能分辨哪些是好的榜样、哪些是坏的榜样，因此当他们不得不面对有暴力的电视镜头时，父母或监护人应当起到监管和解释的作用，有时还要限制暴力镜头长时间暴露在儿童面前。

（二）性别社会化问题

性有两种含义，一种是生理学意义上的性（sex），和其他生理特征一样，生理学意义上的性是遗传的结果。一般情况下，每个人出生的时候要么是男的，要么是女的（特殊情况下有"双性人"，又称"两性畸形人"）。另一种是社会学意义上的性（gender），即性别，这种性与社会规则和文化紧密相连，通过后天的学习与教化形成。由于生理上存在的客观差异，每个社会对于两性都会有不同的期望、规定和要求，扮演着不同的角色，由此形成各自不同的性别角色（gender role）。在大多数社会环境下，性别角色具有相似性和一致性，例如社会对于男性的要求一般是果断的、勇敢的、冒险的，对于女性的要求一般是温柔的、体贴的、善良的。但是，生理学意义上的"男孩"或者"女孩"并不一定意味着社会学意义上的"男性"或者"女性"。正如我们在现实生活中看到的那样，有些男孩的表现似乎更像女孩，言行举止都透露着一种女孩子气，人们将此称为"娘娘腔"，而有些女孩的表现则像男孩，冲动、霸气且十分要强，人们将此称为"假小子"。上述两种情形均与社会要求的性别角色不相称，其原因很可能是性别社会化过程中出了问题。

所谓性别社会化是指人们将其所在社会的性别规范内化的过程，即学习个体以外社会的性别角色和规范的过程，其内容涉及性别期望、性别角色和性别认同。社会通过各种手段教化个体有关性别规范和相关的象征意义，个体同样加入到这一过程中，学习和使用性别规范及其象征。与其他社会化过程一样，性别社会化从出生的那天起就已经开始了。养育者会根据小孩生理学意义上的男孩或女孩给予他们不同的打扮，与之交流的方式、语音语调也会不同。

当小孩哭闹的时候，养育者对待的方式也会有差异。随着孩子年龄的增加，这种差异会越来越明显，抚养方式及儿童的观察和模仿学习使他们越来越像个男孩或女孩。按照弗洛伊德的观点，儿童性别社会化最为关键的时期是在3到6、7岁，原因在于这一年龄段的儿童必须要处理好恋父情结或恋母情结的问题。对于年幼儿童来说，男孩喜欢妈妈、女孩喜欢爸爸，这似乎是一种与生俱来的本能，但是父母不能由着小孩的天性发展，更不能放任不管。最近一段时期以来，一些父亲或母亲对小孩表现出过分亲密的行为引起了社会的热议。从发展的角度看，我们认为这种行为有失妥当，尤其是在我们这种社会文化下。更重要的是，它很有可能影响到儿童性别角色的发展以及今后与异性交往。

由于性别社会化是一个学习的过程，因此父母及其抚养方式在儿童性别角色塑造的过程中起着决定性的作用。首先，父母是塑造儿童性别角色的重要榜样，这种榜样作用从儿童出生的那天起就在潜移默化地产生影响。从某种意义上讲，男孩像父亲、女孩像母亲是儿童观察和模仿的结果，因为在与儿童日常互动的过程中，父母双方各自扮演着不同的角色。父亲更像是一个儿童社会能力发展的促进者，他不仅给儿童提供了一个安全的保障基地，而且是儿童社会性发展的重要推动力。与父亲相比，母亲更像是儿童生活的照料者，是儿童情感的抚慰者和支持者，她不仅满足了儿童的各种生理需要，而且还让儿童的情感世界变得丰富多彩。此外，父母的言行举止、为人处世的方式对于男孩女孩会有不同的影响。一般而言，男孩会仿效父亲的方式，而女孩会仿效母亲的方式。其次，父母在抚养儿童的过程中其方式也会有较大的差异，在大多数社会文化中，父亲主要负责养家糊口，时间和精力都用于家庭外，与小孩的接触相对较少；母亲则主要负责家庭内部的生活，负责照料孩子的生活起居、吃喝拉撒，与孩子的互动较为频繁。总体而言，无论男孩女孩，在早期成长的过程中，儿童受母亲的影响要大于受父亲的影响。随着年龄的增长，这种差异会慢慢消失，取而代之的是男孩受父亲的影响、女孩受母亲的影响增至最大，及至青春期，男孩更像男孩、女孩更像女孩，两性之间的差异十分明显。

如果说父母双方在儿童性别社会化的过程中都是不可或缺的榜样和力量，那么与女孩相比，在现代家庭生活中，对男孩的性别角色塑造的不利影响则较多。目前，在我国大多数家庭，父亲在家的时间相对较少，与小孩的互动非常有限，因此在3岁以前，父亲对小孩的影响也相对较小。据一项针对1 760名学前儿童家长的调查发现，半数以上的父亲每周与小孩在一起互动的时间不足3小时，这就意味着每天与小孩玩耍的时间不到半个小时。这种状况对于女孩的影响似乎不大，但是对于男孩的影响可想而知，原因很简单：父亲是榜样。如果说3岁之前父母作为榜样的影响还不至于对男孩性别角色的形成起决定性作用的话，那么3岁以后呢？就我国的现状来看，绝大多数幼儿园的老师都是女性，小学老师有70%～80%都是女性，这种状况对于男孩的性别角色是非常不利的。现实中也不难发现，在幼儿园及小学当中，男孩两极化趋势比较明显：一些男孩行为举止表现出女性化的倾向，而另一些则表现出暴力倾向。我们认为这很有可能与父亲角色的缺失及幼儿园、小学教育中的男女老师比例的不协调有关。因此，作为父亲，至少要尽到一个榜样的职责，能够多些与孩子在一起的时间；作为幼儿园和学校，尽量减少男女老师比例失调的情况，因为无论是年幼还是年长儿童，男老师对儿童性别角色的塑造及社会性发展都起着不可替代的作用。

（三）激发好奇心

对于这个五彩斑斓的世界，每个人都感到好奇，这是一种与生俱来的本能，而且这种本能不是人类的"专利"，动物尤其是高等动物对于其所处的环境也会好奇，这种好奇心对于个体的生存和繁衍是必不可少的。通俗地讲，好奇心是指个体对于自身所处环境、世界的关注及探求的欲望；从心理学的角度讲，好奇心是个体遇到新奇事物或处在新的外界条件下所产生的注意、操作、提问的心理倾向。就好奇心的本质而言，它是一种个体学习的内在动机，是一个人寻求知识的动力源泉，是创造性发展的重要基础和保障。设想有这样一个小孩（如某些大脑有缺陷的小孩），一生下来就没有好奇心，他（她）的生活将会怎样？今后又会有怎样的发展？正常的婴儿出生之后就表现出对这个世界的专注与好奇，他们会通过各种感官去了解和探索世界，希望看到五颜六色的画面，听美妙动听的音乐，他们从小就表现出对人（人的脸和声音）的敏感和关注。这种对客观世界的好奇心增长了他们的知识经验，而对于人的好奇心则转化为一种受人爱护与照料的资源，从进化的角度讲，这样的小孩生存下来的概率更大。

如果说早期的好奇心主要表现在婴儿通过感官了解世界这个层面的话，那么随着儿童年龄的增长，尤其是动作和语言的发展，儿童的活动空间变大了，对世界的探索范围也随之扩大，而且探索的途径较之以前有明显的不同。这时候的小孩大都会通过积极的活动能动地作用于他们的世界，一个简单的玩具就足以让他们玩上好长一段时间。当小孩会走会跑之后，他（她）会到更远更高甚至更危险的地方去了解和探究他（她）所处的世界。除了行动外，语言的获得和使用让儿童的好奇心得到突飞猛进的发展，其表现就是大量的问题和形形色色的"为什么"。正常情况下，两岁多的小孩能够简单地使用语言，间或也会通过问一些简单的问题来表明对这个世界的好奇；三岁多的小孩能够使用比较复杂的语言，而且随着其知识经验的增加，"为什么"也突然变得多起来。此后的两三年，儿童"为什么"一类的问题会骤然增加，好奇心达到了幼儿期的顶峰，会令父母非常"头疼"。

到了学龄期，儿童开始接受正规的学校教育，其好奇心的表现较之婴幼儿时期又有明显不同。在好奇心的驱动下，儿童会在老师的引导和激励下主动寻求知识与信息，正如学校教育所倡导的"自主学习"那样，问题由学生提出，最后还得由学生自己解决。这种满足好奇的方式类似于科学家做研究，儿童也在不断"研究"这个世界。对于老师来说，重要的不是教给孩子们什么知识，而是如何引导他们去探究这个世界，让他们自己去获得想要的知识。激发好奇心是教学的关键，因为好奇心永远不可能得到满足。在目前的教育教学中，我们仍然没有改变以知识为中心的教学，没有改变"满堂灌"的教学方式。我们的课堂不太鼓励学生提问，老师也不太喜欢那些有"问题"的学生，他们习惯了自己提问、学生回答的育人方式，在这种方式下，学生不会有好奇心，教育不会有创造。从某种意义上讲，好奇心的激励和创造力的培养如出一辙，都应当建立在激发学生的问题意识的基础上。

这些年孩子的成长让我感受很深，作为养育者的父母常常自以为是，并由此导致一些不合理的抚养方式。还记得小孩才几个月大的时候，有一次我用婴儿车推着小孩到外面玩，在路过人行天桥时，正值下班高峰，看到人行天桥下面车水马龙，十分壮观，于是我不由自主地跟小孩讲桥下的车和人有多热闹。结果呢？当时我看到小孩的表情既不好奇也不惊讶，这让我很不解。后来，在我蹲下来问小孩的同时，从小孩的视角往桥下看时，结果看到的只是人行天桥上两堵厚实的墙壁，我们太自以为是了！自此以后，我带小孩出门时很少让她坐婴儿车，大多数时候都抱着，目的是希望她看到的和我看到的一样，让她觉得这个世界远比她坐在婴儿车里看到的世界更丰富多彩。

三、青少年期的人格发展

（一）同伴关系与同伴交往

同伴是指社会地位相同的人或行为复杂程度相似的个体，同伴关系则是指年龄相同或者相近的儿童之间的一种共同并相互协作的关系。在婴幼儿时期，儿童的人际关系主要体现为亲子关系，同伴及其关系的影响非常有限，父母的影响是最重要的。随着年龄的增长，到学龄期，同伴关系逐渐取代了亲子关系，同伴的影响也慢慢取代了父母的影响。在青少年时期，与亲子关系相比，同伴关系的影响更大。现实中我们常常看到，孩子年龄越大，与父母的关系越疏远，与同伴的关系越亲密，这是因为从一开始，儿童与父母的关系是不对等的关系，父母比孩子总是拥有更多的权力，而且要求他们必须绝对服从。相比之下，同伴的典型特点是双方拥有同等的地位和权力，如果他们希望友好相处或实现共同目标，就必须学会理解彼此的观点，互相尊重、协商、妥协、合作。因此，与同伴平等的交往，有助于儿童社会能力的发展，是儿童社会化的动力因素，这是在与父母和其他成人的社会互动的过程中很难获得的。

同伴是儿童社会行为的强化物，同伴的反应方式对于儿童的行为具有强化作用。同时，同伴也是儿童评价自己行为的一个参照物。早在婴幼儿时期，儿童就已经开始自发地使自己的行为与别的儿童相同，模仿其他儿童的行为习惯。发展心理学研究发现，青少年时期的同伴关系尤其重要。青少年时期是儿童发展的一个重要时期：一方面，同龄的伙伴们面临着同样的问题，有着更多的共同语言；另一方面，青少年想从同伴、集体对自己的反应中发现自己、认识自己，进而完善自己。因此，这一时期的同伴关系往往影响儿童一生的发展。同伴或同伴群体对儿童影响的大小还与家庭关系的性质有关，缺少家庭温暖的儿童，更倾向于在同龄伙伴中寻求安全感，如果这些同伴有不良的性格或行为习惯的话，那么就有可能会对儿童发展带来一些不利的影响。总之，同伴关系的影响积极与否，主要取决于儿童跟什么同伴交往以及如何交往，对于父母而言，提供科学、合理的指导能有效提高儿童与同伴交往的技能、技巧，从而发挥同伴关系在青少年健全人格塑造中的积极作用。

（1）父母要为孩子创设良好的亲子交往环境。在家庭中，应创造一种民主、平等、亲切、和谐的交往氛围。作为父母，应当成为孩子的朋友，要让孩子敢说、爱说、有机会说，不能摆出"长道尊严"的面孔训斥孩子。家庭中的大小事，孩子能理解的、可以知道的应该让孩子知道，还可适当让孩子参与家庭的建设。家庭中涉及孩子的问题，更应该听听孩子自己的意见，不要一味地家长说了算，这样有利于树立孩子的自信心，使孩子敢于与他人交往。

（2）要为孩子提供更多的交往机会。作为父母，要经常找机会带孩子与同龄伙伴交往。可以经常去同学家或有孩子的朋友家串门，也可以请他们来家里玩，为孩子创设一个与伙伴交往的氛围，让孩子在不知不觉中提高交往能力，并获得友谊。同时可以指导孩子怎样和同伴一起玩，教育孩子学会与人分享与合作。

（3）培养孩子的交往兴趣，增强与他人交往的自信心。要经常鼓励孩子主动与别的孩子打招呼，一起玩游戏，一起分享玩耍的快乐。孩子如果胆怯，可以先缓解他的紧张感，让他身心放松，慢慢地由不熟悉到熟悉。同时要经常暗示孩子，只要你主动、友好地与别人相处，别人就会喜欢和你做朋友，以此来增强自信心。

（4）培养孩子与人相处的良好心理品质。在日常生活中要有意识地培养孩子诚实守信、善良真诚、乐于助人等与人相处时所具有的心理品质，同时要学会欣赏别人、善解人意，这样孩子的心胸才会变得开阔，朋友也会越来越多。

（5）鼓励、支持孩子多参加集体活动，增强孩子的集体观念。在集体这个大家庭里，更能培养孩子的同伴交往能力，形成良好的交往习惯。家长要鼓励孩子多参加班集体的活动，为班里多做一些事情，和同学、老师搞好关系，形成自己良好的人际关系。

（6）教给孩子一些交往的技巧：

①培养孩子的礼貌习惯，学会尊重别人，平等待人。作为父母，应该让孩子在交往中学会使用礼貌用语："请""谢谢""对不起""阿姨好""叔叔好"等，对孩子在生活中礼貌语言用得好的时候要及时进行鼓励表扬，强化孩子的礼貌行为，形成良好的礼貌习惯。

②帮助孩子学会"换位思考"。人与人是不同的，不同的生活经历决定了每个人都有不同的思考方式和想法，

需要站在同伴的角度思考问题，体谅同伴的心情与感受，而不是自以为是，认为自己的想法最好。自己不愿干的事情一定不要强加给别人，多为他人着想，别人才会更乐于为你做事。

③帮助孩子树立同学都是平等的意识。让孩子认识到虽然大家来自不同的家庭，有着不同的家庭背景，但作为同伴，大家都是平等的，需要互相尊重、互相谦让、互相理解。

④培养孩子倾听同伴讲话的习惯。专心听别人讲话，是我们给予别人的最大赞美，体现了一个人的道德修养。要耐心地听同伴把话说完，并带着微笑，不时点头表示赞同或认可，等同伴说完后再表达自己的想法。

⑤培养孩子发现同伴身上优点的意识。每个人都有自己的"闪光点"，要善于发现他人的优点，这有助于和他人交往。作为家长，我们可以请孩子谈谈他同伴身上有哪些优点、特长，使孩子意识到与同伴交往也是一个向同伴学习、取长补短的过程，同伴间应当互相帮助、互相促进，共同成长。

（二）异性交往的问题

以下是一位女中学生的困惑：

我在七年级的时候，看到男孩就厌烦，但到了八年级时忽然变得很想和男孩说话了。有时候看到男孩走过来，就会不自觉地迎上去，喜笑颜开地打招呼。而且，在学习活动中有男孩在场才觉得有劲，和男孩一起做事，总想显示自己，以引起男孩的注意。我这是怎么了？我是不是一个作风不正派的女孩？我很害怕。

　　这种困惑是青春期学生的普遍现象，随着青春期的到来，青少年在生理和心理上都发生了明显变化，逐渐从异性疏远期（11、12 岁）向异性亲近期（14、15—16、17 岁）发展，有了解异性、接近异性的渴望。心理学研究表明，两性的智力类型有差异，异性交往可以取长补短、优势互补，促进自我完善；男女生之间的交往可以激发内在的积极性和创造性，提高学习与活动效率。在异性交往中，男女双方都特别注意自己在异性面前的形象，也都希望异性给予自己满意的评价。正常的异性交往不仅有利于增进对异性的了解，丰富自身的情感体验，扩大社会交往的范围，在正常的交往过程中实现性格差异的互补，从而使集体更加团结，使个人的优势得到展示，还可以消除两性之间的神秘感，培养健康的性心理。

　　以下是一位男中学生的烦恼：

　　我是一名八年级的学生，从小学就有一个很要好的异性朋友，我们经常在一起谈论学习，相互鼓励、相互帮助，彼此都得到了很大的提高和进步。但是，随着年龄的增长，同学们对我们的交往总是有很多闲言碎语，家长和老师也不理解，我和她都很苦恼。我们到底该不该交往？这样的交往正确吗？应该怎样交往呢？你能帮助我们走出这片阴影吗？

　　这位男生的烦恼源自家长和老师对青春期学生异性交往的偏见，实际上，无论同性交往还是异性交往，它们都是人际交往中不可缺少的组成部分。与同性的交往相比，异性交往有其独特的优势：

　　（1）有利于心理平衡。你是否注意到男女生在性格和气质上存在差异？实际上女生较男生更为细腻，而男生则较为粗犷且更有胆识，这样在交往过程中往往能在心理发展上达到一种平衡和补偿的效果。当你沮丧时，异性的劝慰可能更加切中要害，女生可以请求男生在勇气和魄力上的支持，而男生可以在一些细致的工作上请女生帮忙。

（2）有利于人格健全发展。心理学研究表明，与父亲有良好沟通的女孩在长大后更具有女性魅力、更加温柔。对于我们来讲，两性之间似乎隔着一道无法逾越的鸿沟。由于性别不同，对世界的体验和看法也会不同，所以我们才渴望与异性交往，否则就无法体会到异性的想法和感受，以后在工作或婚姻生活中有可能产生许多隔阂与矛盾。

（3）可以避免与异性交往的恐惧。因为男女两性确实存在着很大的差别，所以我们总是觉得异性是与我们完全不同的人，这有可能使我们不敢与异性交往。时间长了，对异性伙伴就有一种恐惧感，说话、办事、交往都极度紧张。而当我们适度地与异性交往后，便会发现其实异性也没那么神秘，自然而然形成一种轻松的交往模式。

（4）有利于激发热情和创造性。心理学家发现，大多数人心理上都存在"异性效应"，青少年尤其如此。"异性效应"表明，在有异性参加的活动中，参与者一般会感到更愉快，干得更起劲、更出色。这是因为，当有异性参加活动时，异性间心理接近的需要得到了满足，这会使人获得程度不同的愉悦感，从而激发起内在的热情和创造性。

当然，并非所有青少年的异性交往都能发挥上述优势，现实中我们看到，受某些不良社会风气和舆论的错误导向，加上家庭和学校性教育的缺失，一些中学生常常在两性交往中误入歧途，"早恋"就是比较典型的现象。之所以在很多情况下要给"早恋"打上引号，主要是用于区别成年异性之间的恋爱。"早恋"指的是处于青春期的青少年建立恋爱关系，该词只在中国内地被广泛使用，一般是指未进入大学阶段的青少年之间发生的爱情。经过在中国20年的调查表明，在中学阶段发生过感情的人很多，而大多数都是暗恋、单恋（单相思）。只有相互有好感，才能发展成为"早恋"，早恋行为是青少年在性生理发育的基础上，心理转化为行为的实践。

专栏

青少年"早恋"的九种信号

（1）变得特别爱打扮，注意修饰自己，常对着镜子精心打扮。

（2）成绩突然下降，上课注意力不集中。

（3）活泼好动的孩子突然变得沉默，不愿和父母多说话。

（4）在家坐不住，经常找借口外出，瞒着父母出现在公园、歌厅等场所，有时还说谎。

（5）放学回家喜欢一个人躲在房间里，或待在一边想心事，时常走神发呆。

（6）情绪起伏大，有时兴奋，有时忧郁，有时烦躁不安，做事无耐心。

（7）突然对描写爱情的文艺作品、电影、电视剧感兴趣。

（8）突然喜欢谈论男女之间的事。

（9）背着家长偷偷写信、写日记，看到别人赶紧掩饰。

"早恋"是一个极为敏感的话题。"早恋"是不是太早，不应单纯从年龄上看，而要从心理成熟度来判断。青春期既是长身体长知识的时期，又是性心理发展变化，对异性产生爱慕、好感从而渴望结交知心朋友的时期。如果对爱情的真正含义有深刻理解并具备爱的能力，又能处理好爱情和学业的关系，并决心把爱情之树栽培到收获的季节，承诺并有能力兑现爱情带来的义务和责任，那么此时的爱就不算早，反之则可视为"早恋"。

为了防止青少年异性交往带来的不利影响，学校和家庭除了开展必要的青春期尤其是性知识教育以外，还应该对青少年异性交往的原则和方法进行指导，这些原则包括：

第一，不必过分拘谨。在异性交往中，要注意消除异性间交往的不自然感。在心理上，应该像对同性朋友那样去与异性交往，因为友谊本来就是感情的自然发展，异性间自然交往的步履常能描画出纯洁友谊的轨迹，这已为无数的生活实践所证明。

第二，不应过分随便。异性交往不可过分随便，诸如嬉笑打闹、你推我拉之类的举止应力求避免。须知异性毕竟有别，有些话题只能在同性之间交谈，有些玩笑不宜在异性面前乱开。异性交往要注意自尊自爱，言谈举止要做到庄重文雅，切不可勾肩搭背、搔首弄姿、卖弄风情。过分的亲昵，不仅会使你显得轻佻，引起对方反感，而且还易造成不必要的误会。

第三，不宜过分冷淡。异性同学交往时，理智行事，善于把握自己的感情固然是必要的，但不应过分冷淡，因为这样会伤害对方的自尊心，也会使人觉得你高傲自大、孤芳自赏、不可接近。

第四，不可过分卖弄。在与异性同学的交往中，如果想卖弄自己见识多而口若悬河，丝毫不给别人讲话的机会；或者在争辩中得理不让人、无理也要辩三分，则会使人反感。当然，也不要总是缄口不语，或只是"嗯""啊"不已，如果这样，即便你面带笑容，也会让人觉得你城府太深，令人扫兴。

（三）认知能力的培养

简单地说，认知能力就是体现在感知、注意、记忆、思维等认知过程中的能力，它是人们日常生活、学习和工作的保障。很难想象，一个认知能力有缺陷的学生，他（她）的学业成绩如何维持和提高，又如何能考上一所理想的学校。正因为如此，无论是家庭还是学校，几乎都将认知能力的发展和提高作为教育的核心。例如，早期的家庭教育，80%以上的人力、物力和财力都用于儿童的智力开发；在学校教育中，除了德育就是智育，能力或智力教育的地位不可动摇，它在某种程度上决定了一个学生的成绩，决定着一个学校的办学水平。从学校教育培养人的角度讲，认知能力的培养是其重要组成部分；从人格发展与人格教育的角度分析，认知能力是健全人格塑造的重要保证。

心理学中有一种假设叫"人格分化的智力假设"，说的是智力对人格的影响。这一假设认为，智力水平的高低会影响一个人其他方面的发展，发展的空间和机会因人而异，高智力水平为人格发展提供了更多的选择和机会。智力的投资理论认为，智力可以像金钱一样消费和投资：在低收入水平中，金钱一般用于维持基本生计；而高收入者可以将投资指向近于无穷的目标范围。类似的，较高的智力水平更可能广泛地引导一个人的兴趣、动机和选择；低智力者只能将有限的资源投入到很少的领域，如感觉寻求，从而严重制约了其人格的发展。现实中我们看到，能力水平高的人不仅有可能得到更好的发展，其人格也更加完善；

而智力水平低的人则很少有个性，其人格也很难保证是健全的。

但是，学校教育在培养学生认知能力的过程中，往往采用单一化、标准化的模式，致使这种能力畸形化发展。且看中外孩子是怎样画苹果的：美国孩子画苹果，老师拎来鲜果一筐，由孩子任拿一个，便作画去；日本孩子画苹果，先由老师高擎鲜果一个，让孩子瞻仰一番，便作画去；我们中国孩子画苹果，由教师在黑板上画一个标准苹果，并规定好先画左后画右，这里涂红，那里抹绿……结果，只有中国孩子笔下的苹果像苹果，日本孩子笔下的苹果如鸭梨，而美国孩子笔下的苹果或如南瓜或如葫芦。但是，手中或讲台上的苹果变成心中苹果，再变成笔下的苹果，是结结实实的创造过程，加上涂涂抹抹之后所体验到的乐趣和满足，远不是照猫画虎所能企及的。不只是画画，大部分学科的课堂教学，有哪一科不是老师讲授学生复制？说到底我们充其量只发展了学生的复制能力（又叫记忆力），这与健全人格强调的创造性背道而驰。

提高认知能力的重要性是不言而喻的，一方面它取决于青少年自身的能动意识，即一个人是否会有意识地去锻炼和提高自己的能力，另一方面认知能力的提高有赖于老师的课堂教学以及平时的训练和指导。从结构分析，认知能力既包括先天遗传的成分，如智商，也包括后天环境和教育的成分，如认知的方法、策略等。如果说遗传的成分我们很难改变或提高的话，那么后天形成的是能够改变的。在学生群体中，绝大多数青少年的智商都不存在任何问题，其先天遗传的智力或能力足以胜任其学业，但为什么仍然有些学生学习成绩较差呢？究其原因，我们认为跟后天形成的认知能力不足以及非智力因素有关。一个学生成绩不理想，不是他（她）不会学，而是可能他（她）不知道怎么学，或者可能是他（她）不想学。作为老师，应当在后天形成的认知能力方面下功夫，根据每个学生的特点、特长及其个性，教给他们一些行之有效的学习方法、策略、技能和技巧，同时有效激励他们的学习动力，培养良好的意志品质，促进认知能力与健全人格的和谐发展。

（四）成就动机的激发

成就动机是指一个人获得成功的欲望或倾向，在学习中则表现为对学业成就的追求欲望。成就动机比较高的学生，学习往往刻苦认真，能够战胜学习中的种种困难和障碍，从而更有可能取得优良的学业成绩。从小学到中学，随着学业任务日益繁重，学习难度逐渐增大，影响学业成绩的认知能力因素和成就动机等非智力因素的作用也越来越明显，而学业成绩的好坏会影响青少年各方面的发展，其中包括人格发展在内。可以这样设想，一个不想把学习搞好或没有上进心的学生，其学习成绩也不会好到哪里去，成绩不好的学生也很难给老师、同学或家长留下一个好的印象，因此其人际关系和自信心都将受到消极影响。从某种意义上讲，成就动机的高低就是健全人格的组成部分，不能说成就动机不高的人就是不健全的人，但是一个不求上进的人不可能是一个健全的人。

分析目前我国中小学生成就动机的现状，成就动机的整体水平不容乐观，主要表现为大多数青少年在学习或其他活动中不是为了争取更大的成功，而是在极力避免失败。例如，当小孩考试成绩不理想而受到父母责怪时，总能为自己的失败找到各种理由，尤其是会与那些考得不如自己的同学作比较，说班上还有谁比自己考得更差。在这样一种心态下，要想获得理想的学业成绩是很困难的。也许是受我国古代中庸思想的影响，我们的国民在为人处事中自古以来就形成了一种不偏不倚的心态：不图做到最好，力求做到不差。在追求成就的过程中没有足够强烈的欲望，怕的是"枪打出头鸟"。这种思想反映在家庭教育中就是父母从小就教导小孩做人要低调，做事不能张扬，反映在学校教育中就是老师从进校的那天开始就用统一的标准规范每个学生，不允许他们太独特、太有个性。尽管学校也会树榜样、立标兵，意在激励其他学生的成就动机，但往往因为这些榜样和标兵被老师人为地拔高而对大多数学生起不到激励的作用。

培养学生正确的成就动机是教师、家长的责任，在这项工作中要注意以下几点：

（1）激发并帮助学生建立适当的成就动机，也就是使他们明确知识学习、体育锻炼、品德修养等方面所追求的目标。这些目标应该是他们经过努力可以达到的，而不是高不可攀的；是明确具体的，而不是模糊抽象的。

（2）学生在活动中遇到困难，一时达不到既定目标时，要帮助他们分析已有的进步，即肯定并让学生明确他们已经取得的成就，这样他们就能增强达到目标的信心和勇气。

（3）当学生在某种活动中获得成功，他们往往感到满足，这种满足可以起自我强化的作用，使他们追求更高的成就。但由于他们水平所限，不一定能树立恰当的目标，同时，这种满足也可能使他们停止不前。所以，教师在赞扬他们已有成就的同时，要帮助他们树立进一步追求的目标，乃至终生的奋斗目标，让他们将成功的满足感转化为成长的动力，使其迈上更高的台阶。

第七章

人格发展的影响因素

　　每个人都会时不时地思考这样一个问题：我们为何会变成今天这个样子？换句话说，究竟是什么在决定我们的人格形成和发展？是遗传还是环境？或者还是其他的因素？这个问题从研究者们最初开始研究人类行为之谜时就存在了。最近的研究证明，基因不仅影响着人的生理特质，也影响着人的心理特质。但这并不等于解决了天性与教养之争的问题，原因在于，对于人格而言有许多微妙的因素在起作用。首先，人类是一个非常复杂的生物系统，要想为某一特定行为找到具体的生理学依据并非易事，因为这将涉及人类大脑的众多化学过程。其次，我们所说的人格是众多复杂特质的综合产物，很难确定哪些基因对哪些行为起决定作用。作为抚养者的父母，有时候会惊讶于小孩眨眼之间就变成了大人；作为老师，经常会感叹于昔日乖巧听话的小学生到了中学阶段怎么就突然不听指挥，甚至叛逆。说到底，我们很想知道这个变化是怎样进行的，是什么因素导致了这种变化。

一、遗传和生物学因素的影响

（一）人格发展的遗传与进化论
人格的生物学流派认为，个体差异源于遗传素质和生理过程的不同，人格特征如同其他生理特征一样也是世代发展进化而来的。从个体发展的角度讲，人格显然受遗传的影响，我们身上的很多人格特征或多或少是从我们的父母或祖父母、外祖父母那里遗传过来的，例如我们有时候会说某个小孩的脾气像他爸或他妈，指的就是遗传的作用。行为遗传学的研究表明，遗传基因完全相同的同卵双胞胎的人格特质间的平均相关为 0.50，而遗传基因只有 50% 相似的异卵双胞胎的平均相关为 0.30，一般的兄弟姐妹为 0.20。假如使用这份双胞胎数据来评估基因对人格的作用，我们可以得出这样的结论：许多人格特质是中度可遗传的，即整体的平均相关为 0.40。从最新的研究结果来看，遗传对人格的影响或贡献绝不亚于环境和教育的影响，对于有些人格特质而言，遗传的影响甚至比环境更大。现实中我们发现，有些小孩生下来就活泼好动，精力特别旺盛，这样的小孩长大后很可能会比较外向、冲动，喜欢寻找刺激，而且这种人格特征在不同时间、情境下具有相当的稳定性和一致性。因此，如果说人格具有相对稳定性的话，那么这种稳定性主要来自于遗传对人格的贡献。

从物种发展的角度看，人格特征是进化的结果，它与生理特征一样遵循着自然选择的规律，某些人格特征对于个体有适应和进化价值。进化人格心理学认为，诸如内外向、神经质、随和性以及责任心这样的人格特质，是反映个体适应社会环境的重要心理维度。它们为回答适应性的生活问题提供了如下信息：谁的社会地位较高？谁更有可能得到提拔？谁会成为我的朋友？谁拥有我需要的资源？谁会与我分享这些资源？我又将会和谁分享我自己的资源？处于困境时，我将依靠谁？谁会背叛我？这些人格因素与识别他人地位状况和是否能形成盟友有关。在人类进化的过程中，那些更能精确识别社会情景的维度并加以反应的个体更容易解决面临的适应性问题；那些知觉到他人的个体差异并作出反应的人就具有选择优势，更容易取得地位，更容易选择和吸引配偶，更容易与人形成有效的协作关系。

英国纽卡斯尔大学的丹尼尔·奈托分析了 545 个外向性得分在一定范围内的英国成年人。结果发现，高分的人性伴侣多，经济和职业前景都好于平均水平。但这些人也容易出事故或进医院，而且他们的家庭生活也不太稳定，因为这类男性更容易离婚，到最后经常不会和子女住在一起。所以把外向性想成一种纯粹的幸事挺吸引人，但事实却并不是这样的，高度外向的人格会把你吸引到某种情境中，给你带来某种类型的生活机会，你在某种环境下会干得很好，但是你的这种人格也将承担风险，它还可能堵上一些可能离你更近的可选之路。

（二）人格的遗传研究

近年来，随着生物技术的发展，无论是生理的还是心理的特性，遗传重于环境的呼声越来越高。1997 年，伦敦儿童健康研究所的科学家报道，他们已经发现位于 X 染色体上的一组基因决定了女孩比男孩有更好的"社交能力"。研究人员发现了患特纳综合征的两组女孩的社交能力的典型差别。继承了父亲 X 染色体的女孩更富于表情，更易于交朋友，与家庭和老师相处更融洽，比那些继承母亲 X 染色体的女孩更易于调教。科学家们得出结论，如果 X 染色体从母亲那里继承，它明显不活跃，然而如果来自父亲，那么它不仅活跃而且能够促进高水平的社会交往。研究人员向患有特纳综合征的 88 个女孩的父母征询他们对女儿不同行为的评估。例如，是否"不考虑他人的感受?"是否"不知道她们的行为会冒犯他人?"运用遗传分析，他们发现从母亲处继承 X 染色体的女孩比从父亲处继承 X 染色体的女孩在社会交往中有更大的困难。伦敦大学儿童发育研究所的精神病学家斯丘斯（David Skuse）认为，来自父亲 X 染色体的一组基因"可能帮助一个人推断其他人的感情和思想——简言之，即女性的直觉"。斯丘斯和他的同事推测，较好的社交能力可能是女性的进化优势，允许她们补偿体力的不足，而男性较不敏感的心理可能在战争或杀害他人和动物时具有优势。

早在 1993 年，《科学》杂志便发表了荷兰奈梅亨大学的遗传学家汉·布鲁纳的研究报告。这项研究以一个荷兰家族为研究对象，该家族的很多男性成员都具有一些奇怪的攻击性，如裸露、纵火、强奸等。他们的愤怒阈值似乎非常低，一些在常人看来不值一提的挫折和压力都会激起这些人莫名的疯狂，甚至会殴打激怒他们的人。对他们进行遗传分析后，发现这些男性体内缺少编码单胺氧化酶的基因。此后，科学家不断发现基因与人格存在关联的证据。中科院心理研究所李新影博士认为，目前在人格与基因关系的研究中，研究人员关注的主要是与脑内神经递质有关的基因。例如，如果人脑内 5—羟色胺这种神经递质较少，人就容易抑郁。我们也常常听说某人身上存在某种基因特质，比如说某人有"冒险基因""快乐基因""抑郁基因"等，对于这种将人格特征与基因直接挂钩的说法，李新影表示，目前科学界对于人类人格受哪些基因的影响还未搞清楚，只有粗浅的认识，但某些基因的确与人格特征有关系。"例如，我们人体内都存在的 MAOA 基因，也就是所谓的暴力基因，这种基因与人的攻击性行为有关，还有 5—HTT 基因与快乐感受有关等"。

美国国立卫生研究院（National Institutes of Health，

NIH）的研究人员说他们已经定位了决定人类经受"高度焦虑"的基因。NIH 的墨菲（Dennis Murphy）在发表于《新科学家》杂志上的一项研究中指出，继承了 17 号染色体上的一种基因的人易于焦虑，与焦虑相关联的基因，影响一种名为"5—羟色胺转运子蛋白质"的产生。这种特殊的蛋白质控制大脑中 5—羟色胺的水平，而 5—羟色胺是一种影响情绪的化学物质。NIH 的科学家和德国维尔茨堡大学的研究小组一起，定位了转运子基因旁边一组负责刺激基因活动的 DNA。其启动子可以调节基因的 DNA 序列，它可以通过两种形式遗传，其中一种形式刺激基因产生蛋白质的效率是另一种的 2 倍。研究表明，带有"不活跃"基因启动子的个体，在对神经行为的心理测试中（包括焦虑、悲观、恐惧），比具有活跃启动子的个体得分高。然而，研究人员警告，遗传特性尽管典型，但是可能仅仅能够解释人群中不到 4% 的神经行为差异。

（三）人格与大脑结构

在人格的生理机制上，英国心理学家艾森克推断，在大脑的网状结构乃至大脑皮层上有一种先天激活的最佳水平：在外向的人身上激活的最佳水平往往太低；而在内向的人身上激活的最佳水平又太高。因此，外向和内向的人在生活中常常有不同的行为举止：外向的人通过寻求外界刺激来提高感觉输入水平，进而提高其激活水平；而内向的人则力求避免刺激，喜欢重复性的行为，并以此降低先天的激活水平。这种大脑神经生理过程的差异决定了内向和外向的个体差异。一般而言，外向的人喜欢寻找刺激，喜欢人多的场合，不喜欢一个人独处，这种人比较健谈，喜欢聚会，他们希望借助大量的刺激来提高其大脑的兴奋水平，以期达到一个理想的状态，他们这样做的目的也是为了避免无聊。相反，内向的人喜欢安静，喜欢一个人独处，他们不喜欢冒险，不喜欢刺激的环境，他们似乎总是在回避刺激，以此来降低大脑的兴奋水平。所以，外向的人往往朋友较多，而内向者则常常形单影只。

在大五人格特质中，除了外倾性，神经科学已经发现，其他的人格特质也与大脑的神经生理结构密切相关。就拿神经质来说，神经科学家现已知道，哪一部分的脑区与受到威胁的反应有关：大脑中有一个叫杏仁核的结构中存在着一个回路。磁共振成像扫描显示，那些在神经质项目上获得高分的人与低分的人相比，杏仁核具有较高基准水平的代谢活动。高分者的杏仁核对痛苦的刺激反应也表现出较高的活动，甚至连杏仁核的大小都显示出和一个人的神经质得分成比例的迹象，这的确令人惊异。这些由人格心理学家使用的简单的、自我评定的问卷所测定的神经系统竟然可以由客观的科学技术手段来验证。

另一种人格特质叫责任心，它包括在某种长期目标或计划服务中直接反应的控制能力，牵扯到前额叶皮层的部分脑区。人们正是通过对大脑损伤的研究才了解了这部分脑区。大脑成像揭示，那些有冲动控制问题的人在大脑右前额皮质的活动比其他人低。另外，有一项对患有注意力缺乏和多动障碍的男孩所进行的研究发现，这些孩子的前额皮质体积比正常孩子小。尽管人们还不知道大脑的何种机制是宜人性的基础，但已经找到了一些牵扯某些特定脑区的神经生物学证据，所以也许过不了多久，研究人员就可以解开宜人性的真相。

菲里尼斯·盖奇在严重的脑损伤后奇迹般地存活了13年，成为世界上最著名的脑损伤患者之一。而更为引人注目的是，盖奇在经历了脑损伤以后，脾气、秉性、为人处事的风格等发生了巨大的转变，与从前判若两人。

25岁的盖奇在美国佛蒙特州铁路建设工地上工作，他负责爆破岩石。1848年9月13日这天，正当盖奇用一根撬棍把甘油炸药填塞到孔中的时候，一颗火星意外地引爆了炸药。当时他的头正歪向一边，提前引爆的甘油炸药将他手中的撬棍从他的左颧骨下方穿入头部，然后从眉骨上方出去，在空中飞行100多米后落在他身后二十几米远的地方。这根撬棍长约1.1米，重5.04千克，一端直径为3.18厘米，另一端的直径为0.64厘米。当他被撬棍击倒后，尽管颅骨的左前部几乎完全被损毁了，但他并未失去知觉。在一位年轻的外科医生哈罗的精心治疗下，盖奇在10周后出院了。此后，他的体力逐渐恢复，又可以工作了。然而工友发现他虽然头上有个洞，但话语如常、思维清晰，而且没有疼痛的感觉。他活下来了，但行为和人格却发生了巨大改变。

盖奇的幸存是一个奇迹，他仍然可以说话、走路，严重的脑损伤似乎对他没有什么影响。但不久以后，人们发现盖奇的脾气与从前大不相同了。他本是一个非常有能力、有效率的领班，思维机敏、灵活，对人和气、彬彬有礼。但这次事故以后，他变得粗俗无礼，对事情缺乏耐心，既顽固、任性，又反复无常、优柔寡断。他似乎总是无法计划和安排好自己将要做的事情，正如他的朋友们所说，"他不再是盖奇了"。

出院后的盖奇已无法胜任领班的职位。他后来在一家出租马车行工作，负责赶马车和管理马匹。几年以后，他的健康状况开始恶化，1860 年 2 月癫痫发作，同年 5 月 21 日去世。

引自：http：//baike.baidu.com/.

（四）几点结论

尽管已经有相当多研究证实了遗传基因对人格有重要影响，教育也必须尊重这一事实：如果有些人格特质的确是遗传决定的，那么通过教育去改变或塑造可能就是徒劳的。然而，无论如何，遗传和基因绝不能涵盖所有的人格特征。教育、环境和经历可以导致人格的急剧转变。有这样一个例子，一名男子天生无缘无故地憎恨某一类人，他最终却成了自己曾经憎恨的那类人。他是三K党一名头目的儿子，从小成长的环境使他成为一个狂热的反犹太主义者，他大半生憎恶文学、烧毁十字架、激烈反对耶稣。但不可思议的是，他与自己曾迫害过的一对基督教夫妇建立了私人关系，最终皈依基督。在此人身上，遗传与环境都不能完全预示一个完整而平衡人格的产生。我们的结论是：

（1）遗传与进化是人格形成和发展不可缺少的影响因素，它们对人格的影响程度随人格特质不同而异。通常情况下，在智力、气质这些与生物因素相关较大的特质上，遗传因素的作用较为突出；而在价值观、信念、性格等与社会因素关系紧密的特质上，后天环境的作用可能更重要。

（2）遗传基因对人格发展影响的程度是通过身体的生理机能直接起作用的，基因可能决定物种特定的生物进程的发展，但这种发展需要有环境经验的参与才能发展为物种特定的行为。

（3）大多数人格特征可能是由多种基因的交互作用决定的，生物结构和过程与环境事件的联合作用控制着被观察行为的发展，心理学家感兴趣的大多数行为很可能是多种基因组合引起的，而不是任何单独一种基因的作用。

（4）人格在多大程度上是个体遗传或物种进化的结果是一个有待深入探讨的问题。人格进化与生理进化并不遵循相同的法则，在人类物种繁衍的进程中，我们的人格有多少与祖先相似或有多少来自祖先或许并不重要，重要的是教育在何种程度上决定着我们的人格。

（5）人格的形成与发展是天性和教养交互作用的产物。人既是一个生物个体，又是一个社会个体。人在胎儿时期，环境因素的影响就已经开始了，这种影响会在人的一生中持续下去。后天环境的因素是多种多样的，小到家庭因素大到社会文化因素。

二、环境和教育的影响

（一）行为主义与社会学习理论的观点

行为主义认为，任何一种行为都是对外界刺激的习得反应，个体稳定的行为方式是条件反射和心理预期的结果，强化尤其是自我强化是行为获得乃至人格塑造的重要条件，人格不过是"我们行为习惯系统的最终产物"。在行为主义者眼中，环境造就了儿童的一切，包括他们的态度、信仰和行为习惯。这当中，强化是行为主义者的有力武器。事实上，父母也常常借助奖励、批评、惩罚等手段来塑造孩子良好的行为习惯，消除其不良的行为表现；年长的儿童则通过自我暗示、自我勉励等强化来塑造健全的人格。毫无疑问，环境因素对人格的影响无处不在，在人格发展中，儿童除被动受制于各种环境外还主动地作用于环境，他们以自己认可的方式观察和模仿环境中的一切。

（二）人格发展的共享与非共享环境

行为遗传学的研究数据表明，基因大约能解释人格中40%的变异，其余变异由环境因素和测量误差组成。行为遗传学家罗伯特·普洛明（Robert Plomin）指出，"基因的影响无所不在，无孔不入，以至于变换一种强调方式都是不可接受的。对于人格特征不要问什么是遗传的，而要问什么不是遗传的"。行为遗传学的研究同样为环境影响的重要性提供了强有力的证据。

环境中究竟是什么因素导致了人格的差异呢？在相同环境中成长的个体会不会有人格差异？除了共同的基因构成外，同胞兄弟之间人格上的相似性是不是与同样的家庭教养有关？为了考察环境的影响，研究者将环境区分为共享环境与非共享环境：前者指同一家庭子女在成长过程中共同享有的环境，如家庭的社会地位、经济状况、价值观念、父母受教育水平等；后者指由在同一家庭中成长却不被子女共同享有的环境构成，如子女们因性别差异、排行顺序或特定的生活事件而被父母区别对待。如果共享环境是重要的，那么一起抚养的养子女应比分开抚养的养子女更相似；如果非共享环境更重要，一起抚养的亲生子女就不会比分开抚养的亲生子女更相似。研究表明，人格中有40%的变异归于遗传因素的作用，约35%的变异是非共享环境经验的作用，约5%的变异是共享环境经验的作用，剩余20%是测验误差及无法归为遗传或环境因素的其他变异的影响。可见，客观意义上的环境或许并不重要，重要的是父母或环境中的他人以怎样的方式作用于儿童。

在行为遗传学家看来，对人格起很大作用的环境因素是非共享环境。在普通家庭中，有许多非共享经验的资源。例如，父母对待儿子的方式常常不同于女儿（在有些边远的、经济欠发达的农村，女孩连受教育的机会都被剥夺），父母对待第一个出生的孩子的方式不同于后面出生的孩子。兄弟姐妹被父母区别对待，他们经历不同的环境，这将促使孩子在许多重要的人格方面产生差异。兄弟姐妹之间的交往提供了非共享环境影响的另一个来源。例如，一个经常指使弟弟妹妹做事的大孩子，受这样家庭经验的影响可能变得果断和有支配性；而对于年幼的孩子来说，支配性的家庭环境可能推动了被动、忍耐和合作这些人格特质的发展。

在家庭环境中，父母的言行和态度对孩子产生潜移默化的影响，没有哪一个做父母的能够做到绝对公平地对待每个孩子。这其中有性别上的偏见，也有出生顺序的差异。例如，对家庭中的老大赋予较大的责任和期望，以至于他们不堪重负；对于最小的孩子则百般宠爱，使他们从小就养尊处优；对于中间的小孩不闻不问，使他们自幼产生被抛弃的感觉。不难想象，这些孩子在人格发展方面将会有怎样的不同。在学校情境中也存在类似的情况。尽管同一班级的学生享受着老师相同的教育机会，享受着学校共同的教学设备，但老师们对他们的态度则不可能做到完全公正。教师对成绩优秀者的宠爱有加和对后进生的百般歧视随处可见，尽管他们有着同样的表现，但是老师对他们的反应却完全不一样。要记住，教师的一言一行都会对学生产生深刻影响，既然教师都区别对待他的学生，那我们又怎么能要求学生们会有相同的表现呢？

（三）家庭环境的影响

1. 教养方式与人格差异的研究

发展心理学家指出，父母的教养方式分成两个维度：

接纳/反应和命令/控制。接纳/反应性是指父母对孩子提供支持、对孩子的需要敏感的程度。接纳/反应型的父母会经常微笑地面对孩子，表扬和鼓励孩子。当孩子做错事情时，他们会严厉地批评孩子，但一般情况下，他们会温和地对待孩子。接纳/反应性较低的父母经常轻视、批评、惩罚和忽视孩子，并且几乎不会与孩子交流他们喜欢和欣赏的事物。命令/控制性是指父母对孩子限制和控制的程度。命令/控制型的父母会制定规则，期望孩子遵从，并会密切监控孩子的活动以保证孩子能够真正地遵守规则。较少控制或不命令的父母也会较少限制性，他们对孩子几乎没有什么要求，给予孩子相当多追求自己兴趣的自由，并且同意他们对自己的活动做出决定。

经验告诉我们，有些孩子生来就愉快，也容易安抚，他们作息有规律，很会适应新的环境和人；但有些孩子一开始就很麻烦，他们很烦人，总是过度反应，训练大小便也很困难。这些好像是生来就有的，是生来既存的倾向，请看下面这个例子：

在一个好日子里，一个婴儿诞生了。一开始他就是一个好动又充满精力的小家伙——甚至有点过度好动。但他并非脾气不稳或爱生气，只是很好动。他很快学会坐、到处爬，他喜欢把东西拆散一地。所以说，杂乱无章是他一贯的"良伴"。他的父母对他作何反应呢？这全视父母的养育态度而定，但父母的反应终将影响这个小男孩的人格形成。

史密斯夫妇是对不喜欢杂乱无章的父母，他们喜欢井井有条的家。他们认为孩子也应该服从，而且也确信

专栏

父母教养态度对人格发展的影响

小男孩应该有一套适当的行为。因此，对这个小男孩而言，惩罚可以说是无所不在。而且他不断地被提醒：你是很糟糕的、不服从的，是每个人的大麻烦。

马丁夫妇是对可以忍受杂乱的父母。他们并不是真心喜欢混乱，只不过他们能够接受它是亲子交往的一部分。他们也的确把它视为儿子好奇心的表现。他们认为这是孩子探索心灵的信号，或许儿子将来会成为了不起的科学家。因此，他们的方法是酬赏孩子的好奇心，并把孩子标记为优秀、聪明。

如此一来可能出现什么后果？以下的可能性或许有过分简化之嫌，却也值得思考：史密斯夫妇教出一个容易紧张、过度控制的儿子，他不断地压制自己的意愿，以得到别人的赞同。马丁夫妇教出一个有胜任感、对别人开放、以追求成就来寻求赞同的儿子。

如果每个父母都能欣赏有着不同气质的孩子，那么人格发展会有相当不同的走向。同时，如果每个父母能对子女的特点有不同的反应，那么子女的人格也会遵循不同的道路发展。正因为如此，很多心理学家都非常重视早期经验对孩子以后人格的影响。

对父母教养方式的两个维度进行交叉匹配可以得到四种具体的教养方式：接纳/控制型（权威型）、接纳/不控制型（放任型）、冷淡/控制型（专制型）和冷淡/不控制型（不作为型）。

（1）权威型的父母会对孩子提出许多合理的要求，并且会谨慎地说明要求孩子遵守的理由，以保证孩子能够遵从指导。与专制型的父母相比，权威型父母更多地接纳孩子的观点并作出反应，会征求孩子对家庭事务的意见。因此，权威型父母能够认识到并尊重孩子的观点，以合理、民主的方式来控制孩子。

（2）放任型的父母会相对较少地提出要求，允许孩子自由地表达自己的感受和冲动，不会密切监控孩子的行动，很少对孩子的行为作出强硬的控制。

（3）专制型的父母会向孩子提出很多规则，期望孩子能够遵守。他们很少向孩子解释遵从这些规则的必要性，而是依靠惩罚和强制性策略（如权力专制）迫使儿童顺从。专制型父母不能觉察到孩子的不同观点，而是希望孩子能够将他们所说的话当"圣旨"，并尊重他们的权威。

（4）不作为型的父母或者会拒绝孩子的要求，或者会由于过度关注自己的事情而对孩子投入极少的时间和精力。这种类型的父母几乎没有规则与要求，他们对孩子的需要不予理睬或不敏感。研究表明，不作为型可能是最不成功的教养方式。

2. 父亲角色的重要性

一般认为，在儿童发展的早期，由于母亲是孩子食物的来源和生活的照料者，两者的关系比父亲与孩子的关系更亲密，认为母亲对孩子人格发展的影响比父亲更大，因此大多数研究集中于探讨母子（女）关系对儿童人格发展的影响。事实上，是父亲帮助孩子提供了一个安全可靠的基地，使婴幼儿能够在没有恐惧感的情况下去探索新的社会环境。此外，与父母双方形成亲密关系的孩子，比那些主要依恋母亲的孩子的社交反应更敏锐。大多数情况下，父亲是孩子们更喜欢的玩友，更有可能给孩子以身体方面的刺激，比如做一些无伤害的打闹，或者做各种各样传统的或是想象不到的游戏。这种娱乐式的关系有助于孩子认知的发展，特别是当这些游戏具有更多的智力挑战性时。在人格特征方面，诸如勇敢、果断、冒险一类的表现一般是从父亲那里学到的，这一点对男孩尤为重要，父亲是男孩性别角色塑造中不可或缺的榜样。

3. 父母离异的持久影响

虽然有些学者对父母双方在孩子人格形成方面起着至关重要的作用这一观点提出了异议，但家庭环境的突然破裂可能改变孩子人格发展的进程，这一点几乎没有人怀疑。父母的离异对不同性别孩子的影响程度是不均等的。表现之一是女儿往往比儿子能更快调整以适应父母新的安排。因为绝大多数单亲家庭的孩子是跟随母亲的，因此离婚短期之内可能形成比以前更为亲密的母子（女）关系。与此相对照，在多数情况下男人在家庭中是一个强有力的纪律执行人，一旦失去了男人的典范角色，做儿子的很可能变得极易冲动，并且具有攻击性和反社会倾向。虽然女儿似乎很少马上出现行为方面的困难，但有研究发现，在她们身上有一种延迟的效果。当青春期到来时，离异家庭的女孩子可能表现为性早熟，并对男同伴和成年人表现出不适当的武断行为。当然，不是所有的孩子都有这样的不良后果，许多孩子能挺过父母离婚的动荡时期，没有留下多少心理上的创伤。这些"幸存者"的成功显然是由于能迅速调整心态，适应了新的家庭气氛，而且在经历了风云变幻后，他们可能变得更加坚强。

4. 学校教育的重要意义

在所有影响人格形成和发展的因素中，没有哪一个因素能超越学校教育的影响，这是由学校教育的性质所决定的。学校通过系统培养人的方式在各方面促进人的发展，其中包括塑造健全的人格。从"人—环境—人"这种三位一体关系分析，一个学生发展的好坏，取决于学校的整体环境，学校的校风、学风以及班级的班风，是学生人格发展的重要保障。从客观的学校环境分析，首先，学校教育是人类传承文明成果的一种方式和途径，它代表社会对人的要求。让学生掌握他们应当掌握的知识和技能一直都是学校教育的主要任务，即所谓的"传道，授业，解惑"。通过老师的帮助，站在"巨人的肩膀"上回望过去、探索未来。在学习知识与培养技能的过程中，形成相互激励、争当优秀的积极进取的氛围，使得青少年获得终身学习与终身发展的动力、热情和必备的基础。

其次，学校教育以班级为一个集体，一方面促进青少年迅速学会共同生活，另一方面也很好地锻炼了青少年的人际交往能力和沟通合作能力。学会共同生活的有效途径之一就是参与目标一致的社会活动，学会在各种"磨合"之中找到新的认同、确立新的共识，并从中获得实际的体验，从了解自身、发现他人、尊重他人到与他人和谐相处，这使青少年学会更好地融入群体与社会当中。

最后，学校作为教育机构，为青少年多样化的发展提供可能和条件，使他们具有独立健全的人格与鲜明健康的个性，也使得他们在纷杂的事物中学会选择，具有正确的价值判断能力，同时也使青少年拥有善良的人性、美好的内心和优雅的举止成为可能。他们学会清醒而客观地认识自身的价值和在社会上恰当的位置，懂得承担责任，包括对自己、对家庭、对社会、对人类和对后代的责任。

从学校教育中人的因素分析，首先，老师是影响学生发展最重要的力量，正如美国教育心理学博士吉诺特所说："在学校当了若干年教师后，我得到了一个令人惶恐的结论：教学的成功与失败，'我'是决定性的因素。我个人采用的方式和每天的情绪是造成学习气氛和情境的主因。身为教师，我具有极大的力量，能够让孩子们活得愉快或悲惨；我可以是制造痛苦的工具，也可能是启发灵感的媒介；我能让学生丢脸，也能使他们开心；我能伤人也能救人。"

其次，同伴是学生人格发展的动因。从某种意义上来说，良好的同伴关系是青少年的社会支持系统之一，它能够促进青少年的社会适应能力，提高其自身的心理素质。它也是青少年形成初步的世界观、价值观和人生观的一个重要渠道。凡事都会有双面性，如果青少年交友不慎，会很容易误入歧途，不利于其人格的健康发展。因此，在青少年交友的问题上，我们需要给予其必要的引导。

当然，学校的作用也并非全是积极的，正如我们上面分析的那样，学生人格的健全发展取决于学校环境、办学思想、师资水平、同伴关系等各个方面，其中只要某个方面或某个环节存在问题，学生人格就很难保证健康发展。

三、人格发展的社会文化因素

从某种意义上讲，社会文化因素实质上是环境因素的组成部分。但是，与我们上面涉及的环境因素相比，社会文化因素对人格的影响更广泛、更持久、更隐性。无论是家庭教养还是学校环境，它们对儿童人格的影响更直接、更及时、更显性。而个体人格的形成和发展总是存在于特定的社会文化背景中，不同文化中的不同经验影响着人格的发展。小到一个地区的风俗习惯，大到一个民族的宗教信仰，文化的影响无处不在。由于个体主义文化强调个人的需要和成就，强调个人的自由与权利（如北欧和美国），因此生长于这种文化中的人倾向于把自己看作是独立、自主和独特的人；相反，生活在集体主义文化中的人则倾向于将自己归属于一个较大的群体，如家庭或宗族，这里的人们（如亚洲和非洲）对合作的兴趣胜于对竞争的兴趣，他们将集体的利益看得高于一切。人格研究中所考察的行为方式，往往由于文化不同而具有不同的形式和意义。在一些集体主义文化中，成就意味着合作与群体的成功；在一种文化中被看作是过分依赖或过度自我中心主义的行为，在另一种文化中可能是良好的行为。

　　每个人都处在特定的社会文化环境中，文化对人格的影响极为重要。社会文化塑造其社会成员的人格特征，使其成员的人格结构朝着相似性的方向发展，这种相似性具有维系社会稳定的功能，又使得每个人能稳固地"嵌入"在整个文化形态里。社会文化对人格的影响力因文化而异，这要看社会对顺应的要求是否严格。如果社会对其成员的顺应性要求越严格，那么其文化的影响力也越大。如我国古代的中庸之道强调的是不偏不倚，强调忍让与服从，这种强势文化深刻地影响着每个社会成员。影响力的强弱也要看行为的社会意义，对于社会意义不大的行为，社会允许较大的变异；而对于社会意义十分重要的行为，就不允许有太大的变异。如果一个人极端偏离其社会文化所要求的人格特质，不能融入社会文化环境中，就可能被视为行为偏差或患有心理疾病。可见，文化赋予了人格特定的内涵，换言之，个体的人格特征已深深打上了文化的烙印，人格发展正常与否需要与他（她）所处的社会文化要求相匹配。

　　社会文化对人格具有塑造功能，这表现在不同文化的民族有其固有的民族性格。例如，文化人类学家玛格丽特·米德（Margaret Mead，1901—1978）等人研究了新几内亚的三个民族的人格特征，这三个民族居住在不同的自然环境中，有着不同的社会文化背景。他们在民族性格上的差异显示了社会文化环境和自然环境对人格的影响。研究表明，居住在山丘地带的阿拉比修族，崇尚男女平等的生活原则，成员之间互助友爱、团结协作，没有恃强凌弱和争强好胜的人格特征，人与人之间一派亲和景象。居住在河川地带的孟都古姆族，生活以狩猎为主，男女间有权力与地位之争，对孩子处罚严厉。这个民族的成员表现出攻击性强、冷酷无情、嫉妒心强、妄自尊大、争强好胜等人格特征。居住在湖泊地带的张布里族，男女角色差异明显。女性是这个社会的主体，她们每天劳动，掌握着经济实权；而男性则处于从属地位，其主要活动是艺术、工艺与祭祀活动，并承担养育孩子的责任。这种社会分工使女人表现出刚毅、支配、自主与快活的性格，而男人则有明显的自卑感。

专栏

青少年发展中的文化冲突

　　迈克尔是一个17岁的华裔美国高中生，学校的辅导员为他介绍了心理咨询师，因为他患了抑郁症，有自杀倾向。迈克尔在几门课的考试中都不及格，也常常逃学。迈克尔的父母都是事业有成的专家和学者，期望他能在学校里表现优异，以后成为一名博士。对于迈克尔的学业失败，他们很失望，也很生气，尤其因为迈克尔是他们的第一个孩子，在传统中国家庭里，父母对长子的期望是最高的。

　　咨询师劝说迈克尔的父母不要给他那么大的学业压力，对迈克尔的期望应该更现实一点（他并不想成为博士）。后来，迈克尔在学校的出勤率明显增加，父母也注意到他对学校的态度更积极了。迈克尔的例子说明，亚裔美国青少年的父母希望他们的子女成为"优等生"的期望可能是毁灭性的。

引自：[美] 约翰·桑特洛克. 青少年心理学（第11版）. 寇彧等译. 北京：人民邮电出版社，2013.451.

四、天性与教养的交互作用

交互作用的观点或许并不新鲜，但具体分析这种作用的形式却很有必要。其一，同样的环境经验对具有不同遗传构成的个体影响不同。例如，焦虑父母的相同行为对易怒的、不敏感的孩子和对安静的、敏感孩子的影响会不一样。除父母焦虑对两类孩子的直接影响相同外，还存在父母行为与孩子特征的交互作用。在这种情况下，个体是环境事件的被动接受者。遗传因素和环境因素的交互作用只在被动的、反应的意义上存在。

其二，具有不同遗传结构的个体可能会唤起不同的环境反应。例如，易怒的、孤僻的孩子唤起的父母反应可能与安静的、敏感的孩子唤起的父母反应不同。通过比较一对焦虑父母与一个生来性急的婴儿和与另一个生来安静的婴儿的第一次交互作用我们会发现，前者可能会增加父母的焦虑，后者则可能会减弱父母的焦虑。

其三，具有不同遗传结构的个体会寻求、改变和创造不同的环境。一旦个体能够积极地作用于环境，遗传因素就会影响对环境的选择和创造。外倾者所寻求的环境与内倾者不同，活跃者与不活跃者、有音乐天赋者与有视觉想象力者所寻求的环境各不相同。当个体开始有能力选择自己的环境时，这些影响将随着时间的推移而逐渐增加，到一定时候，就难以确定个体在何种程度上是环境影响的"接受者"，又在何种程度上是环境影响的"创造者"了。

　　几千年来人们一直都在争论着天性还是教养的问题，遗传决定论、环境决定论或交互作用论都只是提供了争论的一种答案，但并非唯一答案。我们以为，要正确解决这种争论，关键在于如何正确理解两者的关系。如果基因可以支配未来，那为什么未来还是如此扑朔迷离呢？换言之，如果我们都是由基因决定的精密机械，那为什么人类的演变又是持续进行和不可避免的呢？先天的力量似乎超过了后天的习得，但基因决定论与环境决定论一样幼稚可笑。为了更好地理解人类自身条件，我们必须将先天与后天的微妙关系有机地结合起来，正如马基尔大学的精神病学家唐纳德·赫伯所说："遗传决定了一个范围，而环境能使个体在该范围内进行调节。"这就好比引语"虽然你不可能从猪耳朵里抽取蚕丝，但除了蚕丝以外猪耳朵还能为你提供很多别的东西"。人由能力和机遇混合而成，是选择与必然的综合，总存在可能和事实之间的矛盾，前者由基因决定，后者取决于环境。

教育篇

第八章

健全人格的培养

一、健全人格的内涵

健全人格是生物进化所赋予人的本性在充分发挥时所能达到的境界，是人类应该追求的价值目标。一些学者指出，健全人格的研究涉及教育、心理、社会、伦理、道德、法律等诸多学科领域，它可以从概念、过程和结果三个角度进行研究。在教育学家看来，健全人格就是人的个性的全面发展。一个具有健全人格的人，就是德、智、体、美、劳各方面协调发展的未来社会的合格人才。从社会学的角度来说，健全人格是一个社会化的过程，即由"自然人"向"社会人"转化的过程，表现为人对复杂社会关系的正确认识和良好适应。伦理学和法律学中运用人格概念则注重对人作为一种现实存在的权利的尊重和维护，体现出人的价值和尊严的神圣与不可侵犯性。

从心理学尤其是心理健康的角度来说，健全人格就是健康人格，是人格发展的理想状态。它表现为有机体能主动灵活地适应自然、社会环境，学习、工作、生活诸方面都心情舒畅，做事效率高。人格发展过程中的不协调状态（诸如能力与人格表现上的反差现象、各种程度不同的人格发展障碍及其社会交往活动中的行为反常表现等）便是不健康人格，即人格不健全。日常观察发现，人格不健全者常常自以为是，放纵自己，过分苛求他人，行为反复无常，内心充满矛盾。此外，健全人格和现实人格也不一样，它是一种在结构上和动力上向崇高人性发展的人格状态。健全人格表现出人格的全面性和整体性、稳定性和可变性、社会性和独特性等特征，是多种人格特征的完备结合与有机统一。

从中西方人格理论家们对健全人格的描述中可以看出，健全人格有一个非常鲜明的特质，就是在个体人格内部能形成有效的平衡调节机制。通过内在的平衡调节机制，实现理想与现实平衡，自觉进行人格整合，摆脱现实中的烦闷甚至痛苦，积极有效地参与社会生活；实现个体与群体的平衡，正确对待他人和社会，积极评价自我，既不狂妄自大又不自卑自贬，形成承受、超越挫折的积极心理，防止人格失常；实现心理需求与满足手段的平衡，通过自身主观努力又不脱离现实的手段去满足物质、精神需要，进而逐步使需要层次递进、上升，实现个人潜能的发展和个人需要的全面满足。

近年来，人们逐渐认识到，文化在理解人格当中起着举足轻重的作用，人格是存在于文化背景中的，二者是双向的、互动的。因此，要建构中国本土化的健全人格模型，还必须在中国文化的基础上，把中国人放在中国文化中去研究，考察中国文化中的健全人格标准。由于时代不同，一个社会的政治、经济、文化条件和发展水平不同，研究的对象、侧重点不同，健全人格的特征也就不一样。因此，对健全人格的把握应注意以下几点：其一，健全人格立足现实又高于现实人格；其二，健全人格是人们追求的一种价值目标；其三，健全人格是人们通过主观努力能够靠近或实现的状态。

借鉴国内外在健全人格研究方面的理论贡献，结合中国的传统文化和实际情况，笔者认为，健全人格就是个体人格结构中的各种成分和特质都得到健康、全面、和谐、均衡的发展，亦即个体的身体、心理、文化等各方面素质都得到协调发展，人格内部各方面不发生对抗、冲突和分裂。

二、健全人格的标准

（一）国内学者的观点

国内有学者指出，健全人格的理想标准就是人格的生理、心理、道德、社会各要素完美地统一、平衡、协调，使人的才能得以充分发挥。对于自身而言，其基本特征主要包括积极客观的自我认识，正视现实，对他人、对社会具有理性认知，有健康的体魄、愉快乐观的情绪体验和积极向上的人生目标，有良好、稳定、协调的人际关系，独立的自我意识，有责任感和创造力，努力为自己的未来而奋斗等。所谓健全人格，也就是对自身的认识是否正确，对自己奋斗的目标是否明确，一个人的人格是否健全不是一件值得自卑或炫耀的事情，其实真正的健全取决于自己本身。从总体上说，没有人会有一个健全的人格，每个人都有自己所欠缺的人格，就算自己认识到这一点，想改变也有一定难度，其关键在于是否可以把握自己做事的尺度和处理问题的态度。只有这样，自己才能完全融入社会，让周围人身上的健全来补充自己的残缺。具体而言，国内学者认为，健全人格至少表现在以下几个方面：

1. 良好的社会适应能力

社会适应能力反映了人与社会的协调程度。人的社会适应能力是在社会化过程中不断发展的。人格健全的人能和社会保持良好的密切接触，以一种开放的态度主动关心社会、了解社会，观察所接触到的各种事物和现象，看到社会发展的积极面和主流，在认识社会的同时，使自己的思想、行为跟上时代的发展，与社会的要求相符合，能很快地适应新的环境。

2. 和谐的人际关系

人际关系是人们在社会实践中形成的人与人之间的相互作用的关系，是社会关系的直接表现，是构成人类社会最普遍、最直接的关系。人际关系是在社会交往中建立的，社会交往可以促进人与人之间相互沟通理解，调节身心状态，增强人的责任感。人际关系最能体现一个人人格健全的程度。人格健全的人乐于与他人交往，能与他人建立良好的关系，与人相处时，尊敬、信任等正面态度多于嫉妒、怀疑等负面态度，能常常以诚恳、公平、谦虚、宽容的态度尊重他人，同时也受到他人的尊重和接纳。和谐的人际关系既是人格健全的反映，又影响和制约着健全人格的形成和发展。

3. 正确的自我意识

自我意识是个体对自己和自己与他人、与周围世界关系的认识。具有健全人格的人，对自己的认识应是全面的、丰富的、客观的，能够作出恰如其分的评价，认识到自己的长处和短处，总体上认可自己，接纳自己，充满自信，扬长避短，在日常生活中能有效地调节自己的行为与环境保持平衡。

4. 乐观向上的生活态度

积极的人生态度是人类在社会生活中获得的本质力量的表现。乐观的人常常能看到生活的光明面，对前途充满希望和信心，对自己所从事的工作或学习抱有浓厚的兴趣，在工作和学习中发挥自身的智慧和能力，并获得成功。即使生活中遇到困难和挫折，也能耐心地去应对，不畏艰险、勇于拼搏。相反，悲观的人常常看到生活的阴暗面，对任何事情都没有兴趣、没有心情，遇到一点挫折就情绪低落、怨天尤人，甚至自暴自弃。

5. 良好的情绪调控能力

情绪对人的活动和健康有重要影响。积极的情绪体验能使人振奋精神，增强人的信心，提高人的活动效率；消极的情绪体验会降低人的活动效率，长期积累甚至使人生病。情绪标志着人格的成熟度，人格健全的人情绪反应适度，具有调节和控制情绪的能力，经常保持愉快、满意、开朗的心境，并富有幽默感。当消极情绪出现时能合情合理地宣泄、排解、转移、升华。

6. 能有效运用智慧与能力

人格健全的人，能把自己的智慧与能力有效地运用到工作和事业上。他们在学习、工作中被强烈的创造动机和热情所推动，并能将能力有效地运用于工作和生活之中，从而使他们勇于创造，善于创造，经常有所发现，有所革新，有所建树。他们的成功，往往又为他们带来满足和愉悦，并形成新的兴趣和动机，使他们的生活内容更加充实。

7. 个体心理的和谐发展

人格健全的人，他们的性格和气质、兴趣和爱好、需要和动机、智慧和才能、理想和信念、人生观和价值观都能和谐地发展。他们的内心协调一致，言行统一，能正确认识和评价自己的所作所为是否符合客观需求，是否符合社会道德准则，能及时调整个体与外部世界的关系。一个人如果失去他的人格的内在统一性，就会出现认识扭曲、情绪变态、行为失控等问题。

（二）马斯洛的"自我实现的人"

与精神分析关注心智残缺的人和行为主义关注幼稚的动物不同，人本主义大师马斯洛关注心智健全的人，尤其是那些自我实现的人，包括社会精英、伟人以及对时代、社会作出突出贡献的人，如斯宾诺莎、贝多芬、歌德、爱因斯坦、林肯、杰斐逊、弗洛伊德、亚当斯、詹姆士以及美国总统罗斯福等，这些人被马斯洛看成是自我实现的典范。作为这一研究的成果，马斯洛从这些人物中概括出一些共同的人格特征，并称之为自我实现者的特征。

专栏

自我实现者的特征

（1）与普通人相比，自我实现者对现实具有更有效的洞察力和更适意的关系。他们绝不幻想，宁愿接受不愉快的现实而不陷入令人赏心悦目的幻想世界。

（2）对自己、他人和大自然表现出极大的宽容。他们不因成为自己这种人而自卑，也不因发现自己或他人的缺陷而震惊、沮丧。

（3）自发性、单纯性和自然性。自我实现者比普通人更易在思想、情绪和行为中流露出自发性。他们喜欢交际，而这能使他们单纯和自然。

（4）以问题为中心，不太注重自我意识，也不会对自己困惑不解。能够使自己献身于某种任务、事业或使命，而这些任务、事业或使命好像专门是为他们准备的。

（5）离群独处的需要。自我实现者喜欢与世隔绝的独处生活，因为这样可以全力专注于自己感兴趣的对象上，同时也能沉思。

（6）高度的自主性。自我实现者在遭到拒绝和冷落时仍然真实地看待自己，甚至遭到伤害时仍能去追求自己的兴趣和目标，保持自己的正直诚实。

（7）对平凡的事物不觉厌烦，对日常的生活永远感到新鲜。他们"反复地欣赏，带着新奇和天真去体验人生的天伦之乐……如每一次日落，每一朵花，每一个婴儿"。

（8）经常性的"高峰体验"。这种体验被称为"神秘"体验、"海洋"情感，即感到作为一个人而存在的界限突然消失。

（9）社会感情，即对人类的一种归属感。觉得自己已成为整个人类或大自然的一员。他们不仅关心自己的亲属，而且也关心全世界各种文化背景下的人的处境。

（10）仅与少数朋友或所爱的人有亲密的关系。自我实现者有能力同至少一到两个人建立真正亲密、挚爱的关系。

（11）民主的性格结构。自我实现者不以种族地位、宗教或其他群体特质来判断和结交人，而是把对方作为个体的人看待。

（12）强烈的道德感，能够区分善与恶。有高度的道德感，尽管他的正误观全部属于传统的范畴，但他们的行为同伦理道德意义有密切的关系。

（13）善意的幽默感。自我实现者将普通人的小毛病、自负及蠢事作为笑料，而不是虐待、揭丑或是反抗权威。

（14）有创造性，不墨守成规。自我实现者在他们的某些生活领域具有创造性和独创性，他们不依常规的方法去工作或思考。

（15）对文化适应的抵抗。自我实现者在某种程度上可以把自我同强行灌输和强迫接受的文化分开，能对他们所处社会的矛盾和不公正现象提出批评。

自我实现者最基本的特征之一就是他们总是将注意力集中在自身以外的问题上，而不是以自我为中心。自我实现者对外界比对自身更感兴趣，这意味着马斯洛所描述的自我实现者的特点只有在他们达到一定成熟度之后才能得以实现。与这种以问题为中心的探究方法紧密相关，马斯洛还观察到所有的自我实现者都具有创造力——有时表现在艺术或科学方面，有时则以更实际的方式表现出来。这一点又与另一特点有明显的联系：他们总能以一种新鲜感反复品味事物。他们还具有超乎常人的、敏锐的洞察力，比如辨别真伪的能力等，而且他们的这种领悟力几乎延伸到各个领域，如艺术、音乐、政治、公益事业等。

马斯洛还认为，自我实现者比大多数人更具有爱以及发展深层关系的能力，他们也比常人更能够品味孤独；他们的天性是民主的、友善的，他们不谄上欺下，不为社会地位、教育水平或政治所困扰。尽管偶尔也会爆发出对人类的怒火或反感，但还是对其抱有强烈的认同感和同情心；他们对于善恶有着清晰且实际的界定，却也可以容忍他人在这方面的缺陷；他们有着某种特定的幽默感，马斯洛称这种幽默是建立在荒谬或怪诞感基础上的富有哲理的幽默，但是他们不喜欢建立在敌意、优越感或反抗权威基础上的恶意幽默；同样，他们也不愿注意艺术或生活中的消极方面，即那些令人们感到受伤害、受冷遇或自卑的情况，他们对于这些情况的反应总是希望能对之做些什么。

（三）罗杰斯的"自我完善的人"

另一位人本主义大师罗杰斯（Carl R. Rogers，1902—1987）认为，在无条件积极关怀中，个体因为他们真实的情况而受到喜爱和尊敬，因此不需要去否认或扭曲某些体验。而只有经历过无条件积极关注的人才能成为机能完善者。罗杰斯强调："最好的生活是一种漂泊的、变化的过程，在其中没有任何事物是固定不变的，它们在于成长的过程之中。好的人生是一种过程，而不是一种状态；是一个方向，而不是终点。"人的本性就是要努力保持一种乐观的感受和对生活的满足。要成为一个自我完善的人，就要不断接受生活中的各种考验。一个机能完善的人应该具备什么样的人格特征呢？对此，罗杰斯总结归纳为以下几个方面：

（1）以开放的态度对待经验，意即各种来自机体外部或内部的刺激，在不遭受防御机制歪曲的情况下，都能在个体的神经系统中顺利地传导。

（2）这类开放的经验是个体能够意识到的，而不是被压抑于意识阈之下的。

（3）这种人能更加自觉地获得与现实相一致的经验。他能够形成关于现实的各种假设，并通过自己的行动对这些假设作出验证。这样，个体就能根据自己的成败经验对自己的能力作出合乎实际的评价，对自己的潜力也不会作出过高或过低的估计。

（4）机能完善者的自我概念与其整个经验是和谐一致的，而且在同化经验的过程中能够灵活地更新；个体在评定事物的价值时，总是以自己的机体经验为依据，不容易受外力的左右。

（5）机能完善者没有那种"只有满足受尊重的外加条件才能得到尊重"的感觉，因而能体验到一种无条件的自尊。

（6）会以一种独创的行为方式适应每时每刻发生的新经验，而不是墨守成规。

（7）能够与他人和谐相处，因为相互间的尊重起到一种强化这种和谐关系的作用。

（8）相信自己的机体评价是指导其满意行为的可以信赖的依据。

与弗洛伊德不同，罗杰斯相信人的本性是善良的。当然，人有时也很敌对、很残忍，但他认为，如果让人自由发展，不被生活困难所累，那么每个人都能成为充满爱和信任的人。机能完善者有时也会表达气愤，或者做其他的事情来掩饰自己的感情，但是在他们的成长过程中，积极、亲切的态度始终影响着他们的行为。

机能完善者与大多数人相比，不太屈从于社会的要求，相反，他们看重自己的兴趣、价值观和需要。他们能深刻地体会自己的情感，不论是积极的还是消极的。也正是因为这种敏感性，机能完善者生活经历更丰富，他们"了解痛苦，但更了解快乐"，他们比别人更理解愤怒和恐惧，这也是他们深层次地享受爱和快乐的代价。坦诚地让自我面对自己的情感，可以很好地遏制那些限制自己的情绪，机能完善者生活在他们自己的生活当中，而不仅仅是生活的过客。

（四）其他心理学家的观点

人格特质心理学家奥尔波特将健全人格等同于健康人格，认为具有健康人格的人是成熟的人。他极力主张成熟的人格原则上不能由动物、儿童、过去、神经症的研究引申出来。神经症的动机和健康人的不同之处在于，前者的动机在过去，而后者的动机则在未来。成熟的人格必然具有一种自我扩张的能力，他应该能够参加各种各样极不相同的活动并从中感到愉快。人格成熟的人对很多事情都感到满意，而不仅仅限于少数的、老一套的活动。成熟的个体必须能够和别人热情相处、情绪稳定及心安理得，无论对自己还是对外界现实，他都应该实事求是。成熟的人应该有幽默感和洞察力，有一套统一的人生哲学。具体而言，奥尔波特提出的"成熟人格"有六个标准：

（1）自我扩展的能力，参加活动的范围极广，朋友多、爱好广。

（2）与他人热情交往的能力。

（3）有安全感并自我认可，健康成人能忍受生活中不可避免的冲突和挫折，经得起不幸遭遇。对自己有积极的意象。

（4）表现具有现实性感觉，看待事物是根据事物的现实情况，而不是根据自己希望的那样来看待事物。是明白人，不是糊涂人。

（5）客观地认识自己，他们理解真正的自我和理想的自我之间的差别。

（6）有一致的人生哲学。有一致的定向，为一定的目的而生活，有一种主要的愿望。

专注于社会文化的精神分析学家弗洛姆（Erich Fromm，1900—1980）认为，具有健康人格的人是创造性的人。除了生理需要，每个人都有各种各样的心理需要，这正是人与动物的重要区别。具有健康人格的人将以创造性的、生产性的方式来满足自己的心理需要。

意义治疗的创立者弗兰克尔（Viktor E. Frankl，1905—1997）则认为，具有健康人格的人是超越自我的人。超越自我的人被概括为：在选择自己行动方向上是自由的；自己负责处理自己的生活；不受自己之外的力量支配；缔造适合自己的有意义的生活；有意识地控制自己的生活；能够表现出创造的、体验的态度；超越了对自我的关心。

三、健全人格的培养

人格的健全是心理健康的重要标志，重视人格的培养既是健康的需要，也是发展的需要，但是要评价一个人的人格好坏是一件非常困难的事。例如，在某一个情境中属于健全的人格，换到其他情境可能未必健全，但这并不等于说我们无法评价健全的人格。心理学家马斯洛、奥尔波特均提出了自己的观点，阐述了健全、成熟的人格应具备的特征。简单地说，健全的人格就是人格结构中各方面都得到平衡协调发展的完整人格。总体上讲，健全的人格主要有四个特征：一是能较好地适应不断变化的社会生活环境；二是能广泛地与人交往，并及时调整和处理好错综复杂的人际关系；三是能保持身心健康发展，保持心理平衡；四是能在学业和事业上不断取得进步，有所成就。

使自己的人格变得更加完善是每一个人的愿望，但不少人叹息"本性难移"，对自己人格上存在的不足感到沮丧，既希望自己的人格变得更好，又在实际生活之中找不到良策。我们要相信某些人格特点不是一成不变的，青少年通过社会实践而纠正人格特征的某些不良倾向是完全有可能的。那么，应当如何塑造和培养健全的人格呢?

1. 认识自我，接纳自我

俗话说"人贵有自知之明"，能做到自知是很不容易的，需要自我观察、自我判断和自我评价。不能自知的人，不了解自己能力的真实水平，他们要么对自己的估计过高，表现出"自我感觉良好"，过于自信；要么对自己估计过低，过于自卑。如果高估自己，会使人选择那些自己实际上达不到的目标，经受不必要的挫折；低估自己，会使人丧失进取的热情，不去努力寻求发展。结果都是使自己不能顺利发展。

事实表明，自我认知水平的高低影响到人格发展的调节和指导。从某种意义上讲，青少年的人格发展，首先就取决于他对自己的人格的认知水平。如若一个人对自己的人格特点认识不清，不明白自己究竟有哪些长处和短处、有利因素和不利因素，那么他的人格就必然在缺少自我意识调节的自发过程中发展；他若能够对自己的人格特点有比较清楚的认识，知道自己的长处和短处，就能扬长避短，自觉地指导自己的人格发展。

在充分认识自我的同时还应该接受自我，即接纳自己、悦纳自己。人无完人，每个人总有缺点，当意识到自己人格上的缺陷时，要先学会接受它，对于自己无法弥补的缺陷也能泰然处之。这样可以减轻自己的心理压力，不致陷入自我谴责所带来的痛苦之中。过分地追求完美，对自己要求过分严格，不允许自己有一点"不完美"的表现，反而容易带来适应的障碍，影响人格的健康发展。

2. 扬长避短，优化组合

扬长避短就是要发扬自身良好的人格品德，并努力克服和纠正自身人格的缺点。每个人的人格总是多方面多层次的，总有它的闪光点，要认识到自己所表现出来的长处，并使之不断地发扬光大。比如，一个学生在画画中显示出较强的自信心，而在学习英语上信心不足，那就应该利用他对画画的自信心，使它逐步坚定稳固，同时使他认识到只要自信加努力，英语也能学好。

优化组合就是说要使人格品质和结构系统化，使之产生最大的效能。人格品质包括许多方面如内向、外向、乐观、热情、冷静、果断、坚强、依赖性、独立性等。人格品质的优化是指，按照一定的目标使不同人格品质达到最佳组合，如飞行员需要冒险、坚强的精神，但同时又要具备冷静、果断的特点。人格结构的优化是指人格的态度、意志、情绪、理智这四个方面达到和谐统一，避免某一方面过度发展而产生不良倾向。例如，意志过强易产生固执、蛮横等不良人格，理智过强则易产生冷漠、呆板、缺乏想象力等不良倾向。人格的品质和结构的全面优化组合、协调发展是人格培养的重要原则和目标。

3. 树立榜样，培养良好的行为习惯

行为方式是人格的外在表现，良好的人格必然要求有良好的行为方式。一个人良好的人格特征往往表现为良好的习惯，不良的人格特征大多表现为不良的习惯。例如，A型人格的人表现为做事急匆匆、易发脾气、习惯于指手画脚等。鲁莽的人多有冲动、冒失等习惯，外向者则爱与人交往，主动大方。

行为的不断重复可以形成一种习惯，最终可变成人格的一部分。正如日本森田疗法专家高良武久所说："我们的行动造就我们的性格。"意思是说，通过改变人的行为可以陶冶一个人的人格。因此，从改变一个人的行为习惯出发可以培养和塑造一个人的健全人格。

当然，行为习惯的改变是一个艰难的、长期的、渐进的过程，不可能一蹴而就。因此，需要树立从大处着眼、小处做起的原则，循序渐进，而且，还需要树立一个合理的目标，以他人良好的行为表现作为自己的学习榜样。

4. 积极交往，参与活动

人格的塑造和培养是一个社会化的过程，离不开个体在生活中形式各样的活动。人格的培养具有开放性和互动性，人格必须在个体与外界的交往及参与外界活动的过程中才能健康发展。诚如我们在"发展篇"分析的那样，儿童时期是人格发展的关键时期。作为孩子的家长或者他们的保护人，如何组织好他们的交往和活动就显得非常重要。在孩子入学前家长就应积极带领和鼓励孩子与邻里伙伴交往，让他们共同玩一些游戏。同龄伙伴的交往和游戏活动，可在以下一些方面产生积极的影响：①养成在社会生活中领导与服从的态度；②产生社会上公平的概念；③养成社会中分工合作的习惯；④养成人与人之间相互冲突的调适与忍耐的习惯；⑤练习相互间的竞争。

可是，有些孩子的家长心存多种顾虑，如担心被别的孩子欺负或带坏，怕外出玩耍时摔伤，怕弄脏衣服等，由于这些顾虑阻止或疏忽了孩子与他人的交往，对人格的发展是十分不利的。入学以后，儿童交往和活动的机会明显增多。这个时候，应该重视集体的活动和与同学之间的交往，在学习之余应该有意识地参加各种集体活动，主动和同学、老师交往，使自己融入集体之中。集体的活动有助于培养组织纪律观念；有助于培养关心他人、团结合作的精神品质；有助于培养独立性、创造性、自信心、宽容、热情、开朗等人格品质。在广泛的交往和集体活动中，可创造性地汲取他人人格的精华，获得全面发展的机会；还可借助他人对自己人格的反馈，及时调节自己的人格，使自己的人格得到优化。

人格的培养不是封闭的自我设计，要培养健全的人格就得跳出"我"的狭小天地，走向丰富多彩、生机勃勃的大社会，在交往和活动中塑造健全的人格。莎士比亚说："金字塔是用一块块石头堆砌而成的。"优良人格的形成需要一个长期渐进的过程，不良人格的克服也需要长期不懈的努力。人格具有相对稳定的特性，这种稳定性决定了人格的形成和转化只能是一个缓慢的过程，必须遵从积累性的原则。

一、案例

张明（化名），男，9岁，小学三年级学生，单亲家庭。他和母亲一起生活。开学第一周还能正常完成各科作业，但是一周后作业经常少做，甚至不做，母亲、老师批评后，就把自己反锁在家里，不上学，不说话，砸东西，逃避别人。

二、分析

经过和张明母亲的交谈了解到，张明父亲是个简单粗暴的人，在年幼的时候，张明就经常受到父亲的打骂，但是，当父亲心情好的时候，又会满足儿子一切合理与不合理的要求。这就造成了他既胆小怕事又固执任性的性格。这个小孩情感脆弱，心理压力很大，觉得自己在同学面前抬不起头来，干脆就把自己反锁在家里，不去上学，采取有意回避的态度，压抑自己。

通过家访，发现了张明不上学的原因是受到心理上的困扰。心理变得焦虑不安，感到孤立无助，继而逃避，这是一种高度焦虑症状的消极心境。这时候家长和老师不闻不问，或一味批评责骂，不仅不会消除这种不健康的心理，反而会增强这种心理。长此下去，其认识就越片面，心理的闭锁越强，最终将导致对任何人都以冷漠的眼光看待，更加孤立自己，直至不可救药。

三、个案处理

1. 加强与其家庭的联系，说服其家长要尽到做父母的责任，使他摆脱心理困境

认识到造成张明心理不堪重负的原因主要在于家庭，因此，应加强与其家庭联系，让其父母认识到家庭教育的重要性和责任感。多次用课余时间进行家访，做好他

专栏
"培养健康心理，塑造健全人格"案例分析

母亲的思想工作，还设法联系到孩子的父亲，说服他多用一些工余时间回来看看儿子，多关心他，尽到一个父亲的责任，不要让家庭关系毁了孩子。

2. 爱护、尊重学生

其实，学生的心灵是最敏感的，他们能够通过老师对自己的态度来判断老师是否真心爱自己。同时，他们也渴望老师能够时时刻刻关心爱护自己。"罗林塔尔效应"告诉我们：只要教师真心爱学生，并让他们感受到这种爱，他们就能以极大的努力向着教师所期望的方向发展。一个善于爱的教师，一定懂得尊重学生的自尊心，会像保护自己的眼睛一样保护学生的尊严，因为只有教师关心学生的人的尊严感，才能使学生通过学习而受到教育。一个善于爱的教师，一定懂得尊重学生的个性。

3. 给予较多的情感关怀

（1）多一些理解沟通的谈话。抽一点儿时间，以平等的姿态，多跟学生谈谈心，能知道学生的心里在想些什么，能知道他们最担心的是什么。

（2）多一些一视同仁的关心。这些有心理困扰的学生，大多非常敏感，自尊心极强，性格内向。老师应该真正了解每一个学生，对每一个学生都要做到一视同仁，尤其对心理素质欠佳、单亲家庭的学生，不妨格外表示自己的好感和热情。

（3）多一些宽厚真诚的爱心。心灵过分脆弱、缺少爱的学生大多有点偏执，脾气或许有点怪，老师千万不能因此而嫌弃他们，也不能硬要他们立即把怪脾气改掉。青少年有点孩子气是正常的，每个人的个性千差万别也是正常的。

4. 在师生间、同学间架起爱的桥梁

这样做，可以使之感受到集体的温暖，恢复心理平衡。

5. 不能把学生的心理问题当成品德问题来看待

人的素质结构由生理素质、心理素质和社会文化素质等构成，没有健康的心理，很难提高学生的综合素质。因此，开展心理健康教育是实施素质教育的一个必不可少的环节。但在班主任工作中，我们往往关注学生学习成绩的高低、品德的优劣，而忽略了对学生全面素质的培养，很少注意到对学生的心理健康教育，甚至把心理问题当作品德问题来看待，用解决思想问题的方法来解决心理问题。这样做，将使班主任工作的实际效果大打折扣，也培养不出学生对学习和生活的健康、积极的态度。

引自：http：//www．jxteacher．com．

5．合理调控自我，追求自我实现

自我调控系统（self-adjusting system）是人格中的内控系统或自控系统，由自我认识、自我体验和自我控制（或自我调节）三个子系统所构成，因此也叫自我意识。其作用是对人格的各种成分进行调控，保持人格的完整、统一和谐。

自我认识是对自己的洞察和理解，包括自我观察与自我评价。自我观察是指对自己的感知、思想和意向等方面的察觉；自我评价是指对自己的想法、期望、行为及人格特征的判断与评估，这是自我调节的重要条件。

　　自我体验是伴随自我认识而产生的内心体验，是自我意识在情感上的表现。自尊心、自信心是自我体验的具体内容。自尊心是指个体在社会比较过程中所获得的有关自我价值的积极的评价与体验。自信心是对自己的能力是否适合所承担的任务而产生的自我体验。自信心与自尊心都是和自我评价紧密联系在一起的。

　　自我控制是自我意识在行为上的表现，是实现自我意识调节的最后环节。它包括自我检查、自我监督、自我控制等。自我检查是主体在头脑中将自己的活动结果与活动目的加以比较、对照的过程；自我监督是一个人以其良心或内在的行为准则对自己的言行实行监督的过程；自我控制是主体对自身心理与行为的主动的掌握；自我调节是自我意识中直接作用于个体行为的环节，它是一个人自我教育、自我发展的重要机制，自我调节的实现是自我意识的能动性质的表现。

　　马斯洛认为，人格健全的人是那些追求自我实现的人。在他提出的需要层次的金字塔模型中，尽管只有极少数人能够达到金字塔顶，即满足自我实现的需要，但是马斯洛认为，人格健全与否不是看自我实现的结果，而是看自我实现的过程。健全的人始终在不断完善自己，不断地追求完美。以下是马斯洛提出的自我实现的途径：

　　（1）把自己的感情出口放宽，摆脱自我中心主义，尽可能从"小我"走向"大我"。尽量在生活中忘记自己的伪装、拘谨和畏缩，超越自我，全身心地投入到学业与事业中。

　　（2）在任何情境中，都尝试从积极乐观的角度看问题，从长远的利害做决定。要诚实，不要隐瞒，承担责任本身就是迈向自我实现的一大步。

（3）对生活环境中的一切，多欣赏，少抱怨，有不如意之处，设法改善。坐而空谈，不如起而实行。"高峰体验"是自我实现的短暂时刻，如果我们能用"高峰体验"中的那种人性最高境界，去努力度过人生中的每个时刻，人生就将是美好的，那个本来应该属于我们自己的真我就能实现。

（4）设定积极而有可行性的生活目标，然后全力以赴求其实现，但不能期望未来的结果一定不会失败。

（5）对于是非之争，只要自己认清真理正义之所在，纵使违反众议，也应挺身而出，站在正义的一边，坚持到底。能从小处做起，要倾听自己的志趣和爱好，有勇气作出选择。如果认为自己对，要敢于与众不同，不要顾虑重重，即便暂时失去人缘。

（6）莫使自己的生活僵化，为自己在思想与行动上留一点弹性空间，偶尔放松一下身心，将有助于自己潜力的发挥。

（7）与人坦率相处，让别人看见你的长处和缺点，也让别人分享你的快乐与痛苦。发现自己的先天本性，使之不断成长。弄清自己是哪种人，喜欢什么，不喜欢什么，什么对于自己是好的，什么是不好的，正走向何处，自己的使命是什么，这意味着对防御心理的识别，并在识别后有勇气放弃这种防御。虽然这样做是痛苦的，但放弃防御是值得的。

第九章

人格教育的内容

一、自信心的教育

（一）自信心的含义

自信心是日常生活中经常提及的一个概念，在心理学中，与自信心最接近的是美国著名心理学家班杜拉在社会学习理论中提出的自我效能（self‐efficacy）的概念。自我效能感是指"人们对自身能否利用所拥有的技能去完成某项工作行为的自信程度"。班杜拉认为，自我效能感关心的不是某人具有什么技能，而是个体用其拥有的技能能够做些什么。借助于班杜拉的界定，我们将自信心视为一种反映个体对自己是否有能力成功完成某项活动的信任程度的心理特性，是一种积极、有效地表达自我价值、自我尊重、自我理解的意识特征和心理状态，也称为信心。自信心是健全人格的重要组成部分，其个体差异在很大程度上影响着学习、竞赛、就业、成就等多方面的个体心理和行为。

对于一个学生而言，如果他的能力不足，自信心不可能足，那么学业成绩及其他表现大概也不会好到哪里去；如果他的能力没问题，但是自信心不够（自卑）或自信心膨胀（自负），那么他的表现也不会好到哪里去。原因在于自信心是一个人对自己的积极感受，包括自己对自己的接受程度和自己对自己的尊重程度，即自己是不是有能力，是不是"值得"，是不是"看得起"自己。国内有学者将自信心的内涵分为两部分：自我接受和自我价值。

1. 自我接受

自我接受，意指一个人对自己能否有一种基本的承认、认可，以及自己对自己的接受态度。这个世界上每个人都是独一无二的，天底下没有两个完全相同的人，哪怕是那些同卵双胞胎也不会是一样的。认识到自己的独特性，认识自己的自我本性，并且接受自己作为一种独立而特殊的个体存在，便是自我接受的含义。只有接受自己，才能相信自己、尊重自己，才能体会到自我存在的价值。现实生活中没有谁十全十美，正如没有谁一无是处。有人漂亮，有人寒碜；有人优秀，有人平庸。对于这样的现实，我们能够做的首先是接受它，接受我们自己是一个什么样的人，然后试着去改变它。记住：在我们羡慕别人的同时别人也在羡慕我们！

2. 自我价值

自我价值，意指一个人对自己的感觉、态度、认识和评价。通俗地理解，就是当你获得某种机会、机遇或奖励时，你是否会觉得理所当然，觉得自己"值得"。例如，当你获得了令人瞩目的成绩或成就后，你会将其归因为自己运气，或是别人对自己的恩惠还是自己辛勤努力的结果？说到底，自我价值就是一个人如何看待自己的所作所为。无论成败得失，有则改之，无则加勉，自我价值与自我接受密切相关，两者都是自信心的基本内涵。

（二）自信心的特征

1. 自信的人活泼

自信的人在面容、姿态和言行举止上都会表现出一种活泼的生气，显得对生活充满信心。自信的人不但自己充满生气，而且也会给他周围的人带来一种生机勃勃的气氛，带来一种乐观的鼓舞。

2. 自信的人坦诚

自信的人能够直接而坦诚地说出自己的意见，甚至包括自己的缺点。这种坦诚和不掩饰缺点，正是对自己充满信心的表现。自信的人说自己想说的话，而不是看着他人的脸色说别人想听的话。

3. 自信的人虚心

自信的人能够虚心接受批评，坦然承认自己的错误。接受批评、承认错误是衡量一个人自信的指标。不自信的人恰恰是拒绝接受批评的，在自己明显错误的时候总是尽量去作辩解。

4. 自信的人大度

自信的人能够大大方方地表达自己对别人的赞赏、好感和喜欢，也能够自然地接受别人对自己的赞赏、好感和喜欢。不自信的人容易嫉妒，生怕别人超过自己，而自信的人能够大度而坦然地赞赏和接受别人。

5. 自信的人轻松

自信的人在日常言行中会表现出轻松自如的神态。正所谓"君子坦荡荡，小人长戚戚"，说的大概就是这个意思。做"君子"的心胸平坦宽广，而做"小人"的则经常局促忧愁。

6. 自信的人诚信

自信的人言行一致，他的容貌、声音、举止，会表现出一种内在的和谐气氛。俗话说，"君子一言，驷马难追"，说到就应该做到，这是自信的人所表现和信守的。

7. 自信的人开放

自信的人对生活中的新观念、新体验和新机会，都是持一种基本的开放态度。社会在发展，时代在进步，是积极而开放地接受这种发展和进步，还是消极而顽固地拒绝这种发展和进步，是衡量自信心的另一个指标。

8. 自信的人幽默

自信的人能够以一种幽默的态度来面对具体的生活，包括生活中的失意、紧张和挫折；自信的人也能够自然地发现生活中的幽默，能够在自己或别人身上发现并欣赏幽默。幽默是一种自然而轻松的态度，也是一种智慧。

9. 自信的人勇敢

由于对自己充满信心，包括对自己的人格、能力以及自己未来的命运充满信心，因而自信的人总是能够以一种轻松自然的态度来面对生活中的复杂情况或挑战，表现出一种大智大勇的气度。

10. 自信的人果断

在面对决策尤其是重大或关键问题的决策时，自信的人总是能够表现出一种果断的品质和作风。由于自信的人勇于承担责任，不会因为事关重大而优柔寡断，不会想着逃避不好的结果而瞻前顾后，因而会保持一贯的果断作风。

（三）在家庭教育中提高孩子的自信心

1. 调整成人与孩子间的关系

孩子与家长间的关系如何，在很大程度上决定了他的自信心程度，培养孩子的自信心，首先应检查一下自己与孩子的关系是否有助于其自信心的培养。如果孩子感到父母喜欢他、尊重他，态度温和，孩子的感觉很好，往往就活泼愉快、积极热情、自信心强。相反，如果父母对孩子言语粗暴、态度冷淡、训斥较多，孩子就会情绪低沉，对周围的事物缺乏主动性和自信心。

2. 注重言传身教

创设培养孩子自信心的环境，让孩子在潜移默化中"自信"起来。要常对孩子说一些鼓励的话，"你一定能行！你肯定做得不错！"因为孩子的自我评价往往依赖于成人的评价，成人以肯定与坚信的态度对待孩子，他就会在幼小的心灵中意识到：别人能做到的，我也能做到。家长是孩子效仿的榜样，因此在孩子面前更应表现出自信心、乐观、有魄力、自强、办事不怯懦。为儿童树立良好的形象，创设良好的精神氛围，也是培养孩子自信心的方法。

3. 重视与保护孩子的自尊

多赞许，少责备，有助于提高孩子的自尊心。因为有高度自尊心的孩子，对自己所从事的活动充满信心，而缺乏自尊心的孩子，不愿参加集体活动，认为没人爱他，缺乏自信。因此，作为家长，切忌用尖刻的语言讽刺挖苦孩子，不用别家孩子的优势比自家孩子的不足，不能在别人面前惩罚孩子或不尊重孩子，不把孩子的话当"耳旁风"，不滥施权威，以免损伤孩子的自尊心，使之产生自卑感，从而丧失孩子的自信心。因此要特别注意保护孩子的自尊心，帮助孩子发展自尊感，树立坚定的自信心。

4. 让孩子从成功的喜悦中获得自信心

培养孩子自信心的条件是让孩子不断地获得成功的体验，而过多的失败体验，往往使幼儿对自己的能力产生怀疑。因此，家长应根据孩子发展特点和个体差异，提出适合其水平的任务和要求，确立一个适当的目标，使其经过努力能完成。如让他跳一跳，想办法把花篮取下来，在不断的成功中培养自信，切忌将花篮挂得太高，若其实际能力不及，连连失败，自信心便会受挫。同样，他们也需要通过顺利地学会一件事来获得自信。一个在游戏中总做不好的孩子，很难把自己看成是成功的人，他会减少自信心，并由此不愿再去努力，越是不努力，就越是做不好，就会越不自信，形成恶性循环。父母应帮助他们完成他们想要做的事，以此来消除这种恶性循环。另外，对于缺乏自信心的孩子，要格外关心。如对胆小怯懦的孩子，要有意识地让他们在家里担任一定的工作，在完成任务的过程中培养大胆自信。

（四）在学校教育中培养学生的自信心

一般而言，自信心与自卑感相对应，那些不够自信的人往往会表现出某种程度的自卑感。因此作为学校的老师，可以从分析学生自卑感的成因入手来培养和建立学生的自信心。按照个体心理学的创立者阿德勒的观点，自卑感的形成源于个体感到自身的某种不足或缺陷，自卑情结是与生俱来的，因为每个人生下来就是不足和有缺陷的，没有父母的养育和照料，婴儿不可能生存。同时，与父母相比，婴幼儿每时每刻都会觉得自己无能，可见，个体生来就有自卑感。但是，随着年龄的增长、能力的提高以及知识经验的增加，自卑感会慢慢被超越，在超越自卑和追求优越的过程中，每个人最终会形成自己独特的生活风格。但是，生活中为什么有些人仍然感到自卑，尤其是在学校情境中，一些学生的自卑感还特别强烈？这种自卑感的形成往往跟特定情境中的特定遭遇有关，具体而言，学生自卑感的成因包括如下几个方面：

1. 能力不足

每个人都有这样的体会，在做某件事之前如果觉得自己能够胜任，有能力应对，则对这件事情充满信心；如果感觉自己能力不足或无法胜任，则无论如何也自信不起来，否则就是自负。没有信心未必就会自卑，但至少自卑的形成与能力本身的关系非常密切。记得自己上中学时，一般情况下都特别期待数学考试，因为自认为在数学方面比较有实力，而且每次考试都能取得不错的成绩，一直以来我对数学这门功课都充满信心。不过，那时候我最怕的一门课是语文，不要说大的考试，就连平时的语文小测验我都很紧张，每次的考试成绩都是中等偏下，现在想来大概是因为缺乏语文能力的缘故，和同学在一起只要一提到语文我就感到很自卑。

2. 来自他人的否定、责备、打击

一个人如果在某方面具备能力，是否意味着他就不会自卑呢？未必如此。无论是谁，也无论他具备多高的能力，如果在学习、生活或工作中经常受到别人尤其是那些对自己来说比较重要的人的否定、责备或打击，那他无论如何也自信不起来。家长经常责备小孩考试不理想，老师经常批评学生不用心，这种情形怎么可能让他们对学习产生信心？在我看来，我们的孩子不只是学习方面不自信，很多方面都不自信，其主要原因是家长和老师常常以一种批评、责备、否定的口吻来教育这些孩子，久而久之他们就产生了"习得性无助"（Learned helplessness，是指通过学习形成的一种对现实的无望和无可奈何的行为、心理状态），以后即便自己有能力、有机会也不会去尝试。

3. 不切实际的高标准或高期望

自卑感产生的另一个原因是不切实际的高标准、高期望。现实中，我们大多数时候都会给自己设定一个目标，然后努力去实现这一目标，正如在考试前我们会给自己定一个大概的考试成绩。但是当这种目标定得过高，或父母、老师对我们的要求和期望过高，以至于超过了我们的能力范围时，目标便不可能实现，这会给我们带来很大的打击。经常受到打击或遭遇挫折、失败体验，自然就会怀疑自己的能力，自卑由此而生。我曾听一个小学低年级小朋友讲他们的数学老师，说这位老师对他们要求特别严格，每次数学考试考 95 分以下都算不及格。换句话说，考试中只要做错两个题目就有可能不及格。我在想，那些经常考 95 分以下的学生，怎么才能建立起对数学学习的信心。事实上，这种不切实际的高标准会让相当多的学生在数学考试中抬不起头来。

4. 空想、等待，明日复明日

自卑感的产生还与空想、等待、白日梦有关。有些人经常在后悔昨天，责备过去不够努力，今天后悔昨天，明天又后悔今天，日复一日。而有些人经常在指望明天，每次都信誓旦旦地决定从明天开始，"明日复明日，明日何其多"。记得有位老师说过，"有志者立长志，无志者常立志"，我觉得讲得特别有道理。有些人经常担心这个，害怕那个，生怕自己做不好，做得不能让自己或别人满意，他们常常喜欢做白日梦，寄希望于他人或明天。这种空想或不付诸行动的做法很容易导致恶性循环，它容易使一个人越来越逃避现实，越来越自卑。当一个学生将今天的学习任务留到明天，明天的任务又留到后天，这样永无止境，每天的压力和焦虑都在不断累积，这些任务一旦不能较好地完成，会对其信心带来较大打击。

针对自卑感的形成，在学校教育情境中，作为老师，应当根据学生的实际情况和个体差异分析其自卑的原因，并采取行之有效的措施。客观地说，每个人都有自卑感，没有谁任何时候、任何情境下都自信，因为在这个世界上并无"完人"。这方面自信的人很可能那方面就不自信。另外，张三的自卑不同于李四的自卑，因此，建立学生的自信心，一定要根据学生的实际情况做深入分析。记得刚到省城上大学时，我特别自卑，大概是因为自己觉得自己特别"老土"，跟别人交谈时连普通话都说不好，我想这样的自卑那些城里长大的小孩是不会体验到的。此外，根据上述对自卑感的分析，我们在教导学生建立自信心的过程中需要做到的是：

首先，教给他们能力，弥补他们的不足，缺什么补什么。老师尤其要教给那些信心不足的学生一些学习的方法、技能、技巧以及考试的策略等，让他们有能力去应对，这是自信心的保障，所谓"实力作证"。

其次，给予学生积极的外部评价与公平对待。不要动不动就将学生分成三六九等，不要用相同的标准评价不同水平的学生，否则在表扬一部分学生的同时打击了另一部分学生，不利于自信心的建立。

再次，要引导学生选择一个合理、适当的目标。老师先要指导学生正确地认识自己，评价自己，然后根据这种评价选择一个适合学生自身水平的合理的目标，目标不宜过高或过低，一定要适合学生的实际水平，让学生在达成目标的过程中感受到成功的体验。

最后，教导学生勇于尝试，积极行动。每个人都有能做的，也有不能做的，这是客观事实。很多事情在我们没有做之前，不知道能做还是不能做，只有亲自尝试以后才知道。因此，积极行动是建立自信心的最重要的环节。

（1）经常关注自己的优点和成就。总想自己的缺点和失败，当然会越来越没信心。这不是灭自己的威风吗？必须长自己的志气。人总会有许多优点和成就，把它们列出来，写在纸上，对着这张纸条，经常看看、想想。在从事各种活动时，想想自己的优点，并告诉自己曾经有过什么成就。

（2）多与自信的人接触和来往。"近朱者赤，近墨者黑"。若常和悲观失望的人在一起，也将会萎靡不振。若经常与胸怀宽广、自信心强的人接触，一定也会成为这样的人。多与有志向、有信心的人交朋友。

（3）自我心理暗示，不断对自己进行正面心理强化，避免对自己进行负面强化。当你碰到困难时，一定不要放弃，要坚持对自己说："我能行！""我很棒！""我能做得更好！"等。重复对自己念叨有信心的词语，是一种很重要的自我正面心理暗示，有利于不断提升自己的自信心。这已为心理学的研究所证实。

（4）自信的外部形象。一个人保持整洁、得体的仪表，有利于增强自己的自信心。举止洒脱，行为端方，目不斜视，就会有发自内心的自信。同时，加强锻炼，保持健美的体形，对增强自信也很有帮助。

（5）保持一定的自豪感。做人谦虚是必要的，但不可过度。过分贬低自己，对自信心的培养极为不利。人不可有傲气，但不可无傲骨，要相信自己，充满对自己的自豪感。

（6）学会微笑。微笑会增加幸福感，进而也能增强自信心。不妨试试看，一笑，自信从中而来，几乎立竿见影。

（7）懂得扬长避短。在学习、生活、工作中，要经常抓住机会展现自己的优势、特长，同时注意弥补自己的不足，不断求得进步。这样，你就会提高成功率，也会得到更多的赞扬声，增强自信。

（8）多阅读名人传记。因为很多知名人士，成名前的自身资质、外部环境并不比你好。有的甚至在和自己相同年龄时情况还不如自己。多看一些这方面的材料，会让自己知道自己其实是具备成功的条件的，成功也是完全来得及的，这样有助于提升自信心。

（9）做好充分准备。从事某项活动前，如果能做好充分的准备，那么，在从事这项活动时，必然较为自信，从而有利于顺利完成这项活动。一旦这项活动做得很成功，必会反过来增强整体自信心。

二、责任心的培养

责任心是健全人格的重要标志，也是最重要的人生感悟。从本质上讲，责任心是指个体对自己和他人、对家庭和集体、对国家和社会所负责任的认识、情感和信念，以及与之相应的遵守规范、承担责任和履行义务的自觉态度。它是一个人应该具备的基本素养，是健全人格的基础，是家庭和睦、社会安定的保障。具有责任心的员工，会认识到自己的工作在组织中的重要性，把实现组织的目标当成是自己的目标；具有责任心的学生，会将学习当作自己的事情努力去完成，在学习过程中表现出一种坚持、努力以及不达目的不罢休的精神。

从心理学的角度讲，责任心是一种重要的人格特质，反映了一个人自我约束的能力及取得成就的动机和责任心，是指我们如何控制自己及如何约束自己。责任心强的人往往具有高的自我效能，他们相信自己拥有获取成功所需的智慧、动力和自我控制力。这种人做事井井有条，他们喜欢按照惯例和计划行事，擅长列清单和做计划。责任心得分高的人有很强的义务感，努力追求卓越，有很强的方向感，能够坚持完成困难或令人不悦的任务，能够在干扰下保持专注，做决定时从容不迫。不难想象，这种人在工作中容易取得成就，在学业中容易获得成功。无论从家庭还是学校、个人成长还是社会发展的角度讲，责任心的培养都具有重要意义。

（一）学校的责任心教育

1. 德育——树立正确的思想

责任心培养是德育工作的重要方面，坚持德育为先，才能引导学生形成正确的世界观、人生观、价值观。只有把德育工作渗透到教育教学的各个环节，贯穿于学校教育、家庭教育和社会教育的各方面，才能更好地培养学生的责任心。

（1）继承传统，发扬特色。以民族精神教育为重点，以基本道德和行为规范教育为主线。充分利用德育资源，开展民族文化、思想道德、革命传统等系列教育活动，增强学生的爱国精神与社会责任心。

（2）以信为本，以法护航。大力开展以诚实守信、尊敬师长、友爱同学为基本内容的诚信教育，加强学生心理健康教育工作，加强学生不良行为的矫正工作，培养学生尊重人、理解人、帮助人、关心人的行为习惯。培养学生健全的人格和集体责任心。

（3）家校联合，共同促进。通过家长委员会、家长学校、家庭访问等方式帮助家长树立正确的教育思想，改进教育方法，提高家庭教育水平。通过心桥、誓词等途径提高学生的家庭责任心。

2. 文化——树立先进的观念

青少年处在性格养成的关键时期，对周围世界的认识处在较为模糊的现状，要以先进的文化理念进行教育和引导，在性格发展过程中不断培育其责任意识，从而树立以天下为己任的博大胸怀。

首先，要养成爱读书的良好习惯，书是人类集体智慧的结晶，是承载传播人类文明的重要载体。古人云，开卷有益。书是启迪学生责任心的有效途径。古今中外，多少仁人志士英名垂史册，浩气满乾坤，源于他们的高度责任心，学生在阅读中不断受到感染，对责任心的意识会大幅度提高，心灵得到升华和洗礼，从而潜移默化地增强学生的责任心。

其次，要树立榜样的力量。在文化宣传阵地中最为行之有效的方式就是树立良好的学习榜样。榜样可以是名人，通过班会或其他与学生交流的机会，讲述名人的事迹。例如："身无分文、心忧天下"的毛泽东，"为中华之崛起而读书"的周恩来，"我以我血荐轩辕"的鲁迅，忍着病痛走访贫苦百姓的焦裕禄，为救老农而献出青春年华的大学生张华，"非典"肆虐期间挺身而出的白衣天使……他们之所以作出了突出贡献，赢得了历史和人民的尊敬，无不源于深沉、自觉的责任心，这些形象鲜明感人，事例生动具体，能给学生以情感的冲击和震撼，从而发挥"榜样"的示范作用，取得良好的教育效果。

榜样还可以是班级中热情积极的学生，同一间教室，在同一年级或者同一学校，这些真实可感的学习榜样，有利于学生的客观模仿，在细微之处感受责任的无处不在。例如放学时，随手关闭电灯电扇；凳子坏了，主动找工具修理；洗完碗筷时，关掉水龙头；看见别人座位下有废纸，也主动捡起。这些都是有责任心的表现，通过学习和反思，让学生真切感知责任心并非高不可攀，它就来自日常生活的方方面面。

榜样还可以是老师自己。老师本身也要起到较好的示范作用，着力加强职业道德建设，注重自身素质修养，身体力行，通过自己的处事方式来教育和引导学生，作出表率。教师的一举一动，对学生的影响至深。我们常常听到这样的谈论，许多学生感言：因为遇到了好的老师，所以改变了自己的一生。同理，一个不负责任、唯利是图的把教育仅仅看作是谋生手段的教师，也有可能陷入误人子弟的嫌疑，在学校中造成不良的影响，干扰学生身心的健康发展。

3. 实践——锻炼、提升与完善

通过社会实践活动，对学生进行科技、国防、劳动、法制、环保、历史等多方面的教育，使学生关心社会和科技进步、关心地球和生存环境、关心可持续发展，获得直接感受并积累解决问题的经验，培养学生的责任心。

要以体验为宗旨，以实践活动为主渠道，多方位培养学生良好的道德品质和各方面的责任心。可以定期开展主题活动，每一主题活动中，注重让学生在实践及研究性学习的过程中获得多方面的丰富的情感体验，使能力得到提高，责任心得到增强。

通过组织学生参加社会调查实践活动，调查各行各业中有关责任心的典型事例。比如，公安人员冒着生命危险为人民生命财产安全保驾护航，医护人员救死扶伤的崇高品质等，这些会令同学们啧啧称道，而那些玩忽职守造成重大人员、财产损失等惨痛教训都会给同学们留下深刻的印象，同时感受到责任心在各行各业中的重要性，使同学们获得培养高度责任心的强大动力。

（二）家庭的责任心培养

1. 要求孩子对自己的事情负责

从小就严格要求孩子不能依赖父母，凡是自己能做的事，如穿衣、吃饭、洗脸、洗手巾等，都该自己去做。孩子只有从小就养成了对自己的事情负责的良好习惯，才有可能逐步学会对家长、伙伴、老师和家庭、幼儿园、学校等有关的人和事负责。从下面案例中我们或许能够得到某种启示：

一朵悲哀的花

海拉蒂今年四岁半了，在萨尔马多城上幼儿园，最近她在学习有关植物方面的知识。海拉蒂迷上了植物，她觉得那些花草实在是太美了，便苦苦地哀求爸爸给她买一盆鲜花。爸爸同意了海拉蒂的请求，趁周末带着海拉蒂到花卉市场买了一盆小花。父亲希望海拉蒂看到小花生长的整个过程，并且能够自己照顾它。于是，父亲和海拉蒂约定，由海拉蒂负责照顾鲜花，给它浇水和施肥。

最初几天，海拉蒂非常兴奋，每天耐心地给小花浇水，还根据日照的情况，不断给花盆挪动位置，并拿出本子，歪歪扭扭地在上面画出花卉生长的情况。父亲看到海拉蒂这么有责任心，十分满意。可是，没过多久，父亲发现海拉蒂给花浇水的次数越来越少了，甚至好多天都不给小花浇水，也不做记录，似乎她已把养花的事给忘了。结果，小花慢慢枯萎了，叶子也开始泛黄，生长的速度减慢了，再过几天，盆花快死了。

吃过晚饭，父亲把海拉蒂叫到阳台，说："你给花浇水了吗？"

海拉蒂低着头说："没有。"

"为什么没有？"

"我……"

"我们在买这盆花的时候，是怎么说的？由谁负责给这盆花浇水？"

海拉蒂沉默不语。

"你看，这盆花是多么伤心、悲哀！她失去了美丽的叶子，变得枯黄，而这都是因为你。"

以后的日子里，海拉蒂每天坚持给花浇水，小花不久又恢复了以往漂亮的颜色。

种花养草、养小动物，能培养孩子的爱心，增长知识，同时还能增强孩子的责任心。作为家长，一旦我们决定将某件事情交给孩子负责，就要"监督"孩子的行为，而不能采取"不管"或"无所谓"的态度，这样只会滋长孩子的不负责任，使孩子缺乏责任心。

2. 让孩子做力所能及的家务劳动

在孩子学习自己吃饭、穿衣的同时，也该给他添置些小巧的扫帚、铲子、水壶、抹布等，好让他学习扫地、擦桌椅、浇花、喂小猫等家务事。家长洗脚时，要他去把拖鞋拿来；吃饭时，要他给爷爷奶奶添饭等。孩子在做这些事时，一定要向他讲清楚：爸妈对他的衣食住行等问题要负责，他也有责任做些力所能及的家务事。

3. 父母教养态度的重要作用

对孩子采取民主的态度，鼓励孩子独立思考，允许他们表达自己的观点和看法，有利于孩子形成责任心。娇惯、过度保护孩子，让孩子从小养尊处优、自私自利、为所欲为，孩子成年后就会缺乏对社会和他人的责任心。让孩子绝对服从的教育方式，也只能培养出唯命是从、毫无主见、不敢负责的人。

4. 要培养孩子有爱心

关心他人、善待他人，这是培养孩子对家庭和社会的责任心的基础。要求孩子主动关心老人、病人和比自己小的孩子。父母生病的时候，让孩子学会照顾父母。让孩子知道父母的生日，鼓励孩子给父母送上一份生日礼物。

5. 让孩子信守诺言

从小培养孩子说话算数的习惯，无论作出什么许诺，都要尽可能地实现，如果不能实现的话，一定要向孩子说明。告诫孩子不要轻许诺言，一旦许诺，就必须遵守。

6. 给孩子承担责任的权利

孩子们第一次单独做事难免让人不满意，这是正常的。一杯好喝的饮料洒了，孩子只能少喝甚至不喝，这是他完全能够承担的，不需要重新给他一杯。收拾桌子时孩子打碎了碗，让他自己收拾掉，不过要小心，别划破手。我们只是在必要时提供适当的帮助，而绝不是全部包揽。孩子在承担后果的过程中逐渐明白，在任何时候，他们都必须对自己做过的事承担责任。

7. 给孩子战胜沮丧的信心

孩子的认知水平和能力均非常有限，他独立做事时常常心怀良好的愿望，当事情的结果与他预料的反差很大时，常常不能接受结局。他不知所措，叫喊，发脾气，这种脾气是冲着他自己发的。他的自信心开始动摇，感到非常沮丧，仅有的判断力也随之消失，此时，父母可以平静而温和地告诉他，你已经尽力了，你做得很棒，我相信你能够挺过来。此时，父母的平静足以唤起孩子战胜沮丧的信心。

8. 忌用任何方式打击孩子的积极性

当孩子要求自己做时，当他独立做的过程中遇到困难时，当他做的结果令人满意时，父母都要热情地鼓励，适当地帮助，切忌埋怨、指责、讽刺、打骂孩子。

9. 改变观念，让孩子树立责任意识

有的父母只要求孩子把学习弄好就可以了，孩子什么都不做，父母也视为理所当然。他们认为孩子学习忙，上课很累，家务事有父母做就算了。这种观念使孩子从小就没有对家庭负责任、尽义务的意识。所以我们听到一些父母说自己病了，孩子也不关心，该做的也不做，如果要孩子去医院看病人，他会说"我去有什么用啊，我又不是大夫"之类的话，实际上人也应该有精神上、道义上的责任。这与你是不是医生，是不是懂得医学知识没有关系，它是一种感情，一种精神上的责任和义务，但是很多孩子没有，有的孩子甚至还说"我学习很忙，我没有时间去"等。他从小就没有建立起精神上的责任心和道义感。

10. 培养孩子的责任心，允许孩子犯错误

很多父母只考虑到怎么样让孩子越来越好，而不能接纳孩子犯的错误。孩子在成长的过程中可能会犯很多错误，父母要允许孩子犯错误。孩子犯了错误，并不是孩子就要不得了。他如果能够把错误摆在面前，对父母来说，反而是个好孩子，所以父母应该要求孩子说实话，对自己所造成的负面结果也要负责。孩子犯了错误，父母要保持泰然自若的态度。

（三）国外的做法

美国父母从孩子很小的时候就采取种种有效的方法，

让他们认识到劳动的价值。比如，让孩子自己动手装配自行车，修理小家电，做简易木工，粉刷房间，到外边参加义务劳动等。即使是富裕的家庭，也十分注重对孩子自立能力的培养和价值观的教育。美国南部一些州立中学为了培养学生独立适应社会的能力，还特别规定：学生必须不带分文，独立谋生一周才允许毕业。美国青少年的口号是："要花钱，自己挣!"不管家里是否富有，孩子在12岁以后就得给家里的庭院剪草或做其他的家务，以换取零花钱。一些家庭还要求孩子外出当勤杂工，如夏天替人推割草机，秋天帮人扫落叶，冬天帮人家铲积雪等。绝大多数美国父母都这样认为：不要怕孩子受苦，只要有利于培养孩子的谋生能力，让他们吃再多的苦也是值得的，如果溺爱孩子，将会成为自己一生中做得最糟糕的事。

日本人教育孩子有句名言：除了空气和阳光是大自然的赐予，其余一切都要通过劳动才能获得。在这一教育观念的指导下，许多日本父母在教育孩子学好功课的同时，要求他们利用课余时间做那些力所能及的家务和到外面参加劳动挣钱。日本大学生勤工俭学的非常多，他们通过在饭店端盘子、洗碗，在商店售货，做家庭教师，陪护老人等，挣取自己的学费。在孩子很小的时候，父母就告诉他们："不给别人添麻烦。"全家人外出旅行，不论多么小的孩子，都要无一例外地背上一个小背包。日本父母认为：这是他们自己的东西，应该自己来背。可见，培养孩子的自立能力和自强精神，是日本父母教育孩子的一个重要出发点。

瑞士父母为了不让孩子成为无能之辈，从孩子很小就开始培养他们自我服务的能力和自食其力的精神。譬如，十六七岁的姑娘，初中一毕业就会被送到一个有教养的家庭去当一年左右的佣人。上午劳动，下午上学。这样做，一方面是为了锻炼孩子的劳动能力，学会独立谋生之道；另一方面也是为了便于孩子学习语言。因为瑞士是个多语种的国家，既有讲本土语的地区，也有讲德语和法语的地区。所以，一个语言地区的姑娘通常到另一个语言地区的人家当佣人，边学语言，边当佣人。长期依靠父母过寄生生活的人，在瑞士被认为是没有出息的甚至是可耻的。

三、人际关系教育

和谐的人际关系是健全人格的标准，也是健全人格的保障。反过来讲，人际关系不良是人格出问题的主要表现，在人格障碍的诊断中，"人际关系的异常偏离"是主要症状标准。例如，依赖型人格障碍中，患者的人际关系被动、顺从；边缘型人格障碍中，患者的人际关系紧张且极不稳定；而偏执型人格障碍中，患者多疑，不相信他人，善于忌妒，归罪他人，与人相处好争辩，情感冷淡、吹毛求疵，易与人产生冲突。可见，开展人际关系教育，建立和谐的人际关系，不仅是人格教育和塑造健全人格的重要内容，也是青少年人格不出问题的有力保障。

（一）建立良好的同学关系

同学关系是青少年最重要的人际关系，随着年龄的增长，青少年对父母的依赖越来越小，取而代之的是对同伴或同学的依附越来越强。在社会生活中，他们开始建立自己的人际关系，青少年的人际交往也越来越倾向于同学交往。学生在班级里与一些有共同兴趣、话题或一起活动的同学结成伙伴，从而形成班级内部的非正式群体。一个 40 人左右的班级里，这种小群体的数量一般是 8 ~ 12 个，其规模是 2 ~6 人。从心理学角度来说，青少年正处在心理上的自我觉醒、自我发现的时期，他们已具有较强的自尊心和初步的"成人感"，需要引起人们的注意和尊重，看到自身的价值。从学校教育的角度讲，建立良好的同学关系可从以下几方面着手：

首先，学校要多组织一些丰富多彩的教育活动。因为同学间互助友爱的人际关系的培养，不是在静止的状态下，而是在活动的状态下进行的。教师应积极地创设有益的情境，组织一些丰富多彩的活动，如春（秋）游、参观学习以及健康的文体娱乐活动。在活动中，通过互助、彼此诉说自己的心里话，从而增强同学之间的感情与思想的交流，同学之间就会产生亲密感和相互依赖感，提高相互信任度。

其次，做好个别学生的工作。总有一些学生性情不开朗，不随和，不合群，不太好相处，对这样的学生不应埋怨，更不应嫌弃，而应该创造条件，鼓励他们积极参与集体活动，逐步扩大友谊的圈子。也就是说，让他们在交往中体验到集体的温暖，懂得互助友爱是集体中必不可少的，在集体的友谊和爱的感染下，抛弃自己身上不健康的因素，形成良好的个性心理，从而使他们能主动与同学交往，培养合群的性格。

案例

小雪，女，15岁，自初中二年级以来，学习成绩一直不太理想，她认为老师不喜欢她，同学也不愿意接受她。为此她整天闷闷不乐，与别人不多说话，下了课就回家，把自己封闭起来。这样做的结果是令自己与同学疏远了，由此她更认为自己是个大家都不喜欢的人。她感到孤独，很自卑。心理咨询老师建议她在过生日的时候请几个要好的同学到她家里做客。起初她认为别人肯定不会来的，但当咨询老师让她试一试时，她请了三位同学，她们都非常愉快地赴约了，并且都送了生日礼物。这大大出乎她的意料，当她问及这三位同学是否因她学习成绩不太好而不喜欢她时，同学们都说从来没想过这个问题，只是觉得她不喜欢与同学接近，而且这三位同学还表示愿意在学习上与她互相帮助。不久，她与同学的关系开始密切起来。

再次，运用心理沟通的方法，来调节同学之间不协调的关系。事实上学生间总会发生一些矛盾、冲突，其原因是相互间缺乏心理沟通，缺乏尊重与理解，他们往往希望得到别人的尊重，却不知道如何尊重别人；他们渴望得到别人的理解，却不懂得去理解别人。应该运用心理沟通的方法，来调节他们之间不和谐的关系，如角色换位法，促使他们能够理解对方的处境，从而相互同情与谅解，建立一种互助友爱的人际关系。

最后，创设一种有益的情境，让集体充满温暖，如生日活动、联欢活动、生病探望，在这些特定的情境能体验愉快的情绪，使他们的关系密切起来。

（二）建立平等互信的师生关系

建立平等互信的师生关系是师生之间的双向活动，既要有教师的爱生，又要有学生的尊师。但是，正如在一切教育活动中教师处于主导地位一样，良好师生关系的形成，教师也处于主导地位，具有主导作用，这是因为教师是教育者，学生是受教育者，教师对学生有着导向作用。这个导向作用发挥得怎样，直接影响着良好师生关系的建立。

1. 树立正确的学生观

正确的学生观就是把学生视为成长中的人，当作自己的青少年朋友真诚相待，而不是仅把他们看作一些幼稚的、有待于喂给知识的孩子，或以盛气凌人的态度把自己对于需要学习什么和应该怎样进行学习的标准强加给他们。苏联教育家苏霍姆林斯基说过，在我们的工作中，最重要的是把我们的学生看成活生生的人。学习并不是把知识从教师的头脑里移植到学生的头脑里，而是教师与学生之间的活生生的人的相互关系。可见，教师正确的学生观是形成良好师生关系的前提。

2. 了解学生，热爱学生

只有教师了解学生，热爱学生，才能使学生亲其师，信其道，才能形成良好的师生关系。具体讲，表现在尊重、关怀和理解六个字上。尊重学生最重要的是要尊重学生的人格。每个人都有自己的尊严，学生都希望老师真正尊重、信任他们。那些把学生看成是一个独立、完整、发展中的人的老师，能够赢得学生的尊敬和爱戴，彼此之间容易建立民主、合作的新型师生关系。关怀是建立良好师生关系的催化剂，教师对学生无微不至的关怀必然会引起学生爱的反馈，这又将进一步激起教师对学生的关怀与爱护。理解是建立良好师生关系的桥梁，在儿童成长过程中，不可避免地会出现这样那样的错误，这就需要理解学生，做学生的知己。只有这样学生才愿意敞开自己的心扉，向教师吐露心头的秘密，师生的心相通了，彼此就像有了一座无形的桥，思想的交流、道理的传递就会畅通无阻，师生关系也就会变得越来越密切。

3. 正视现实，共同努力

当前，教师较普遍地对学生提出过高的目标和过急的要求，这种情况在片面追求升学率的背景下变得更加突出。由于片面追求升学率，行政部门或学校许多措施，如统考、升学率排名，使教师职业比其他职业更易受到公众的检查，教师因此增加的心理压力自然传递给了学生。这样，往往使教师对学生的期望和压力超过了学生实际接受能力和承受能力，因而容易引起学生对教师的反感，影响良好师生关系的建立。

现实中，有很多因素会影响平等互信的师生关系的建立：首先，教师本身不善于或不能正确表现自己的特点。例如，教师虽有渊博知识但口才不好，虽内心热爱学生但缺乏耐心，学生于是认为教师知识浅薄，对学生不热情。其次，因为青少年缺乏解释能力，对所发生的现象推断或归因错误，把因自己基础差或不努力所造成的考试失败，归因于教师教法不好，或认为教师态度不好。最后，由于人际知觉效应，学生对教师形成的不良印象，或因学生从各种渠道获得关于教师的不良印象，可能导致对教师行为或品质的消极评价。这些对教师的不准确评价必然妨碍师生亲密关系的建立。

（三）建立亲密的亲子关系

亲子关系是最早也是最重要的人际关系，是其他人际关系的基础，亲子关系是否良好直接关系到儿童今后能否建立和谐的人际关系。从发展心理的角度讲，父母与子女的关系贯穿于个体的一生，子女在父母眼中永远是孩子，由于青少年所处的特殊年龄阶段，父母对子女的态度具有矛盾性：他们希望子女能自立、自主，告别童年，但他们又害怕子女独立带来的不良后果，大多数父母都很难摆脱这种观念，并成为父母对子女进行约束管教的理由。

随着青少年自我意识的觉醒，生理的逐渐发育，思维能力的提高，对社会理解能力的增强，他们开始确立自己的生活目标，不再盲目听从父母的指挥，摆脱父母的倾向开始增长；同时，随着他们思想的日渐丰富，他们开始树立自己远大的理想，甚至产生一些梦想，而在父母眼中，他们还只是孩子，父母对青少年的这些行为，企图说服他们，甚至采取压制的办法。然而，无论是生理还是心理都在加速发展的青少年，他们以成人自居，固执己见，从而引起双方的对立，"代沟"也就随之产生了。

我真的不明白，为什么爸爸妈妈有那么多的时间来干涉我的事?! 他们不让我骑自行车上学，不让我看电视，不让我和同学们利用假期去旅游，不让我穿牛仔裤，连时尚杂志都不许买。有一次，我和一个男生被选为代表去市里参加辩论比赛，这是许多人抢都抢不来的好事，可是爸爸说什么也不许我去，连夜给学校打电话，说男生女生一起出去不方便。我因此坐失一个绝好的机会，一盏"外面的世界"之灯黯然而灭。

随着年龄的增长及生活范围的扩大，青少年的社会关系也日益复杂，对他们来说，与父母关系的亲密度有所下降，其他的人际关系特别是同伴关系取代了亲子关系而成为首要的关系。他们在与父母的关系中，表现出行为上的独立性和心理上的闭锁性，青少年开始有自己的小秘密，有自己的隐私，有自己的想法，他们不愿向家长倾诉，尤其对子女干涉过多的家长，子女更是避而远之。从心理学上讲，10 岁前子女对父母是崇拜期，10 ~ 18 岁是对父母的轻视期，是代沟冲突最为激烈的时期，代沟的产生意味着青少年心理逐渐走向成熟，独立意识的萌发，具有其积极的一面。但是代沟也有消极与不利的一面，因为它造成了亲子之间关系的不融洽与紧张，心理上产生一定距离。

青少年与父母之间的代沟集中体现在父母的教养态度

与方法上，如学习问题、穿戴问题、交友问题等，而孩子对父母看不惯，主要在父母絮絮叨叨，对自己不理解、不支持，过多干涉方面。消除代沟从子女的角度来说，主动与父母沟通，主动将自己的苦恼告诉父母，求得父母的理解，平时对父母多关心，多体贴，要理解父母对自己严格要求也是体现了父母对自己的关心和爱，切不可一意孤行，我行我素，更不能把父母视为路人；对父母而言，要多了解子女，这是教育子女的前提。要关爱孩子，多给孩子一些鼓励，赏识自己的孩子，只有在这样的一种气氛下，孩子才会亲近父母。

四、创造性人格的培养

（一）创造性的内涵

从大的方面讲，创造性是一个国家和民族的立国之本；从小的方面讲，创造性是个体发展的根本动力，是健全人格的充分体现，其重要性是不言而喻的。目前，国家提出"大众创业，万众创新"的口号，集中体现了创造性对社会和个人发展的重要性。但是，在心理学研究领域，创造性是一个最具活力而又最具争议的领域，诸如创造性的内涵、本质、来源、测量及其培养等问题，心理学家至今未能取得一致的意见。在大多数情况下，他们一般是通过创造性的产品或具有创造性的人物去研究创造性的问题。因此，有些心理学家将创造性视为一种能力，有些则视为一种人格。我们认为，这两者实际上是难以割裂的关系。美国心理学家斯腾伯格（Robert J. Sternberg, 1949— ）认为，创造性（creativity）是指就特定环境而言，个体产生新颖、高质量、恰当的思想和产品的能力。如果一个事物是原创的、出乎意料的，那么它就是新颖的。当一个事物完全符合一个有用的问题解决方案的条件时，它就是恰当的。

另一位美国心理学家奇凯岑特米哈伊（Mihaly Csik-szentmihalyi）认为，创造性并非在人的头脑中发生，而是在人的思想和社会文化环境的相互作用中发生。对于创造性，他的定义是："创造性是某种改变现存专业或使某个现存专业转变成一个新专业的行动、观点或产品。"他给具有创造性的人下的定义是："某个以其思想或行动改变了某个专业或创建了某个新专业的人。"通过对91位著名人物的采访研究使他相信，创造性与人格有紧密联系，而这些人格又与一定的生活环境、童年乃至青少年的经历、一定程度的智商有着不可分割的关系。

（二）人格创造性表现的十个方面

（1）有创造性的人精力充沛，但他们通常又很安静，经常休息；

（2）有创造性的人很聪明，但同时又很天真；

（3）有创造性的人将玩笑和纪律相结合；

（4）有创造性的人既充满想象和幻想，又脚踏实地；

（5）有创造性的人会将对立的倾向置于外向和内向的统一体中；

（6）有创造性的人会同时表现得既非常谦虚又特别骄傲；

（7）有创造性的人在某种程度上逃脱了严格的性别程式，既有男性倾向又有女性倾向；

（8）有创造性的人被认为具有叛逆性和独立性；

（9）有创造性的人对自己的工作充满热情，但又对它非常客观；

（10）有创造性的人既比较开放，又比较敏感。

（三）创造性人格的培养

1. 教师要有创造性的观念和意识，树立创造性的楷模

要培养学生的创造性，教师首先必须要具备创造性，尤其是要具备创造性的观念和意识，要成为学生创造性的楷模。在课堂教学中，作为老师，要有一种开放的思想，要从不同的角度看待问题、思考问题和解决问题，要把学生的创造性作为教学的根本目标。目前，在我国的教育实践中，由于传统与现实的各种各样的原因，教师往往习惯于用一种封闭的思想去引导学生，统一的要求、统一的标准、统一的做法，使得学生不敢想、不能想、不愿想。我们觉得，只有做老师的敢于创造，学生才敢于创造。观念决定行动，当老师以一种开放的态度去看待学生的发展时，学生才能从中受益。更为重要的是，无论是哪一方面的发展，老师都是学生的榜样、楷模，做老师的不仅要有创造性的观念和意识，更重要的是要在行动中作出表率。在提出问题、分析问题和解决问题的过程中，要引导学生从多个角度、采用多种方法去寻找问题的答案。

2. 为创造性思考提供时间和机会，促进学生人格充分自由地发展

学生创造性发展需要充足的时间和空间，在一种严格限制的环境中不可能具备高的创造性。客观地讲，大部分学生都活得很累、学得很累，他们每天早晨天不亮就起床，晚上要到十一二点睡觉，每个时间段都安排得满满的，除了学习还是学习，在这个过程中，他们几乎没有支配自己的时间和空间。在学校，一切行动听老师的安排，在家里，则听从父母的安排，从早到晚没有空闲的时间。有的老师课堂上讲得不够还要占用学生课间休息的时间，似乎恨不得将所有的知识都塞给学生。事实上，这种做法对于学生

的创造性发展是极为不利的。试想，一个学生连自我支配的机会都没有，甚至连基本的自由都没有，他还能怎样发展？还能怎么创造？他还会有想象力、创造力吗？无论是创造性培养还是健全人格的发展，自由都是前提条件。我们认为，从老师的角度讲，每节课至少要给学生三五分钟的时间自我支配，让他们学会思考，学会反思。从家庭的角度讲，父母要给孩子一个相对宽松的环境，让孩子感到心理安全和心理自由。

3. 鼓励学生冒一些合理的风险，允许他们犯错误

在课堂教学中，如果老师在教的过程中谨小慎微，学生在学的过程中战战兢兢，那么这样的教育是不可能有创造的。无论在哪个领域，创造与风险并存。拿语文教学中的作文来说，这是最能体现一个学生创造性水平的领域，但是在高考作文中，真正好的作文有几篇呢？为什么高考很难出现优秀的作文，原因就在于高考这样的场合压力太大、风险太大，很多学生不敢去冒这样的风险，如若去冒这样的风险则很有可能得分很低。我们的孩子从小就在担惊受怕中长大，在家庭教育中，父母不允许孩子犯错误；在学校教育中，老师只求学生成功，不许学生失败，这样的教育怎么可能不会有问题，在这种环境下成长的学生怎么可能有创造。我们应当从小培养孩子的风险意识，让他们直面这种风险而不是规避这种风险，不仅要引导学生如何获得成功，更要引导他们如何从失败和错误中学习。正如一个小孩学习走路，总会有摔跤的时候，摔过之后往往会走得更稳、更好。

4. 鼓励学生的好奇心，挖掘学生多方面的兴趣

好奇心是创造力的源泉，一个人只有对他周围的世界感到好奇，才有可能激发探究这个世界的欲望。在婴幼儿时期，每个孩子对这个世界都充满好奇，这几乎是与生俱来的一种本能，他们什么都想尝试，充满了无限的想象和创造。然而，随着年龄的增长和所受的教育越来越多，他们对这个世界越来越没有新鲜感，对所处的环境越来越习以为常。小时候老师一提问题，每个学生都争先恐后、七嘴八舌，他们的答案中充满了想象和创造。等到上了大学，老师一提问，却没有学生回答，即使勉强叫他们回答，其**答案也常常落入俗套，毫无新意**。这些年的教学生涯让我们看到，我们的学生尤其是大学生没有主见，没有想法，更别说创造。教育应该反思！此外，兴趣是最好的老师，有了兴趣的保障，我们的活动往往能够起到事半功倍的效果。教育的关键是要从学生的个体差异的角度出发，挖掘学生在不同学科、不同领域的兴趣。学生不但对音乐、美术、体育的兴趣重要，对于学习的兴趣重要，对于其他活动领域（如娱乐）的兴趣也不可或缺。不是每个学生都要上大学，不是每个学生都要成为天才，创造性体现在学习和生活的点点滴滴中，一个奇特的想法，一种独特的设计，一个奇妙的点子，都是创造。

5. 鼓励学生提问，培养问题意识

一个学生如果能够提出问题，说明他一定是在思考，说明他的大脑在动；反之，那些不会提问的学生，思维也不会得到什么发展，他们的大脑可能只是被动接纳的"容器"。创造性教育应当是以问题为中心的教学。记得有位伟人说过：提出问题的能力比解决问题的能力更重要。对于创造性培养来说，问题意识是前提。在教学中，学生问题意识的培养还依赖于教师的教学设计，教师要通过各种手段为学生创设提问题的课堂情境，通过教师的点拨、诱导，引导学生去体会、去感悟，打破已有认知结构的平衡状态，唤起学生思维，激发其内驱力，使学生在情境中产生困惑，发现问题，提出问题，并作进一步的探究以解答问题，从而在理解的基础上掌握新知，提高能力。

此外，还要让学生会问问题，教师要教给学生提问的方法和技巧，真正要培养学生的创新意识，就要促其得法善问，必须经常性地指导学生多角度、多方位、多层次地质疑。例如，可从创设问题情景上质疑，从问题证明推理上质疑，从知识应用上质疑，还可以从内容的矛盾处、对比处质疑……启发学生对问题进行梳理、分析、比较、归纳、筛选，使学生明白什么是有效提问，什么是无效提问，什么是肤浅的问题，什么是深刻的问题，从而影响其思维的广度和深度。同时也可以让会提问题的孩子讲讲他是如何设计提问的，通过师生互动和生生互动，提高学生质疑问题的水平，其创新思维得到激发，就一定能提出有创造性的问题。

6. 培养学生的发散性思维

发展性思维是指人们沿着不同的方向思考，重新组织当前的信息和记忆系统中存储的信息，产生出大量、独特新思想的思维，这是相对于聚合思维而言的。发散性思维中的流畅性、变通性和独特性通常用来衡量一个人创造性水平的高低。在传统的教学中，无论是老师的教学设计还是问题的答案设计，包括各种各样的测验和考试，几乎都在培养学生的聚合思维，即人们根据已知的信息和条件，利用熟悉的规则解决问题。因此，大部分学生在学的过程中几乎都形成了一种定式，一个问题只有一种答案，而且是标准化的答案。这种教学严重束缚了学生的想象和创造。在培养学生的发散性思维，提高其创造性上，教师应当打破教学常规，多设计一些有创意的问题，多提一些开放性、没有固定答案的问题，多引导学生从不同的方向去寻找答案。例如，在数学教学中，运用一题多想、一题多解、一题多变、一题多编等形式，有助于培养和提高学生的发散思维能力。

专栏

学生发散性思维训练教学设计

教学与活动目标：① 通过对问题进行多角度多方位的思考，想出尽可能多而且独特的答案，训练学生的发散思维；②初步了解发散思维的技巧，感受创新的乐趣。

教学与活动重点：训练学生的发散思维。

教学与活动难点：引导学生对发散思维的认识。

教学与活动准备：A4 纸，报纸。

教学与活动形式：游戏活动，思维训练。

一、导入

同学们可能都看过这样一道题目：一棵树上有 10 只鸟，用枪打死了 1 只，树上还剩几只鸟？

同学们，你的答案是什么？说说你的理由。

老师小结：答案是丰富而且是多样的，想象力真的很伟大，同学们想不想让自己的思考能力更强一些？

二、发散思维训练

（1）老师在黑板上画了一个黑点或小圆圈，请同学们想象这是什么东西？老师组织学生进行想象思考。

（2）老师提供一张报纸。

老师：同学们刚才针对一个小小的黑点（圆圈），联想到了很多的物品，那么在我们日常生活中常见的报纸，你觉得有哪些用途？

学生举例。

老师：同学们列举了这么多的用途，现在老师就提

供一张报纸，请两个同学站在报纸上面，这两个同学相互不要碰到对方，请同学们想想有什么办法？

老师组织活动。

老师小结：原来思维训练还要打破常规，勇于大胆想象创新。

（3）故事接力和画图接力。

老师分别选取各两个小组进行故事接力训练和画图接力训练。

故事接力：

"森林里有一个猎人，猎人拿起猎枪，打死了一只野兔……"

"天空下起了淅淅沥沥的小雨……"

画图接力：①一个人先画一个开头（画一两笔）；②然后其他同学依次接着画一个简单的图形；③直到画成一幅让人看得懂的画。

老师组织小组进行比赛。

三、本课小结及课后拓展

多留心观察，多角度思考，多多的收获！

课后自己找一样很普通的生活用品，试着找找其他更多的用途。

四、补充游戏

1. 词语接龙游戏

将学生分成四组，采用竞赛的方式，让每组分别说出或写出结尾带"子"的词语，如"桌子""椅子"……看哪个组说得又多又好又新颖。

2. 想象游戏

老师在黑板上板书：m

然后让学生说一说：你觉得它像什么？例如像拱门、像小山丘、像手指、像两个倒放的杯子、像饼干……

3. 找不同游戏

（1）右图哪个字母与众不同？A E I O U

先让学生仔细观察，然后再交流自己的想法。

学生一：A与众不同，它的形状像三角形，上面有尖。

学生二：不能这样说，那O还是圆的呢，我倒觉得它不一样才对。

……

（2）老师：看来大家意见出现了分歧，大家的想象力都很丰富，观察也很仔细，有一点大家都忽略了：如果让你把每个字母都对折一下，你猜会有什么发现？

马上就有学生想到了：A是轴对称图形。（她话音未落，同学们就七嘴八舌地说开了：是啊，E也是轴对称图形，I也是，O也是……）

老师：都是轴对称图形是它们的共有特征，在这个特征里你发现它们的不同了吗？

（3）汇报讨论结果。通过细致观察和同学讨论，大家终于发现，原来问题出在对称轴上。A、I、O、U都是左右对称，只有E与众不同，是上下对称。

4. 功能游戏

给你一张普通的A4纸，你能把它做成什么？

第十章

学校情境下的人格教育

一、人格教育的原则

1. 个性化与社会化相协调的原则

个性化是指随着身心的发展和成熟，一个人越来越显现出与他人相区别的独特的人格特征。社会化是指特定的社会通过各种措施使个人形成该社会所规定的具有一定共同性的行为模式或人格特征。个性化和社会化是人格发展过程中的两个方面，它们相辅相成，互为补充。在学校人格教育中，我们应遵循个性化与社会化相协调的原则，既要重视学生的社会化，培养社会发展所需共同性的人格特征，又不能忽视学生的个性化、抹杀学生的个性特点，并且还要通过各种个性化教育措施来促进学生的特长和独特性的发展。现代社会是一个多样化的社会，具有独特个性的人会受到学校和社会的重视和鼓励。

2. 渗透性原则

人格教育应该渗透到教育的各个方面和各个环节之中，因为人格教育是一个全方位、长时期的熏陶、教育和训练的过程，任何课程都不能单独实现人格教育的目标。我们应该从人格教育的角度重新考虑教育者、教育环境、课程和教学方法等。教育者不是"教书匠"，而是受教育者的楷模和仿效的榜样，教育者人格水平的高低在一定程度上决定了人格教育的成功和失败。因此，教师应该自觉地加强自身的人格修养，提高自己的人格水平，在各门具体课程中，教师不仅要传授专门知识和相关能力，而且还要有意识地培养学生的情操，引入人格教育的因素。例如，在体育课中不仅要训练学生的体能，教授学生有关的体育运动知识和技巧，而且要训练学生勇敢、坚强、果断的人格特征；在音乐美术课程中，要注重培养学生美感和幽默感；在语文教学中，通过对有关伟人英雄事迹、祖国山河等精选课文的教学，培养学生的人格；在数理化等自然科学课程的教学中，要重视培养学生的严谨求实的科学态度、灵活创新的思维方式等。总之，要把人格教育渗透到学校教育的各个侧面和每个教育环节。

3. 认知教育与行为训练相结合的原则

人格特征既不是单纯的思想观念，也不是单纯的行为方式，而是认知与行为紧密联系的综合体或心理行为结构。要培养这种内在心理和外显行为表里一致的结构，不仅要从内在思想观念入手进行认知教育，而且还要从外在行为方式入手进行行为训练，只有把两种人格教育方式有机结合起来才能有效地促进学生人格特征的形成发展，否则会出现过去道德教育中常常有的两个偏差：一是单纯强调道德观念和政治思想的认知教育，而忽视学生行为方式的训练；二是强调具体道德行为的训练，而忽视道德理想的认知教育，结果都是使学生知与行脱节，难以形成完善的道德品质。

4. 早期教育的原则

发展心理学的研究表明，早期教育不仅可以有力地促进儿童智力的发展，而且对于人格的形成和发展会产生重大的影响。儿童时期的可塑性要大于成人，早期人格教育可有力地促进青少年良好心理素质的形成与发展，并为后来的科学文化等方面的素质教育打下坚实的基础。因此，我们要重视在学前时期对儿童进行人格教育，通过儿童的父母、教师和环境以及各种教育手段和方式来对儿童的人格发展产生潜移默化的作用。切不可认为孩子还小，不懂事，还没有意识，就放松对孩子的人格影响和教育，这样的做法将贻误孩子终生。

5. 自我、学校、家庭和社会协同教育的原则

当前有这样一种说法叫作"5 + 2 = 0"，意思是说孩子在学校所受的 5 天正规教育，被 2 天双休日与社会的接触中所获得的负信息抵消为零。学校教育是主要的，但不是唯一的，家庭教育和社会教育应成为学校教育的有力保护和巩固。在人格发展中，不仅家庭、学校和社会环境有重要作用，而且个人的自我本身也同样起到重要的作用，特别在自我逐渐形成之后，自我对个人人格的结构及其发展都会起到一定的调节作用。因此，我们不仅要通过家庭教育、学校教育和社会教育来促进人格发展，而且还要通过个人的自我教育来调控和建构人格结构，把外控转化为内控，引向自尊、自爱、自强、自我完善和自我实现。在学生人格发展过程中，这些人格教育形式都是十分重要的，不可偏废，而且相互之间要协调，教育的标准要具有一致性，否则，会使受教育者产生不必要的心理冲突，引起混乱，从而影响健全人格的形成和发展。

父母对青少年在学校的成功有重要的影响，他们通过有效的家庭管理和参与青少年的学校教育对青少年在校取得的成功产生积极影响。

1. 家庭管理

研究者发现，家庭管理与学生的成绩和自我责任心正相关，与他们在校的问题行为负相关。这里提到的家庭管理中很重要的一点是维持一个有结构、有组织的家庭环境，例如为家庭作业、家务杂事和就寝时间等制定一个日常规程。同时，营造一个高成就期望的家庭环境也很重要。研究表明，家庭日常规程（管理良好的、有组织的）与青少年的学校成就、课堂注意力以及出勤情况正相关，与在校问题负相关。母亲对孩子有高成就期望，其孩子的成绩更好。

2. 父母的参与

父母参与孩子的小学活动已经够少了，但他们参与的中学活动更少。对 16 000 个学生的分析发现，父母双方都高度参与学校教育的话，他们的孩子很多得到 A，很少留级或被开除。乔伊斯·爱泼斯坦为促进青少年学校教育中的父母参与度提出了如下建议：

（1）家庭担负着为青少年提供安全和健康的基本义务。许多家长都不了解青少年在各个年龄的相应正常变化。学校—家庭项目有助于指导父母认识青少年的正常发展过程，也能提供关于青少年健康问题的项目，还能帮助父母为他们的孩子找到家庭之外的安全场所。

（2）学校有义务与家庭交流学校的计划和青少年个体的进步。在中学阶段，父母和教师往往不认识彼此，我们应该设置一些项目来促进父母和老师进行更直接和

专栏

**父母对学校
人格教育的
影响**

更个人的交流，父母也需要了解课程选择如何引导将来的职业选择。

（3）需要增加父母对学校事务的参与。父母和家庭其他成员可以通过很多方式协助上课的老师，例如辅导、教授特别的技能，以及提供事务上的协助或监督。

（4）鼓励父母参与青少年在家中的学习活动。中学往往更关注父母是否具备辅导青少年的家庭作业专业知识和技能。一些中学生发展了"家庭数学"或"家庭计算机"这样的项目，以提高父母对青少年学习的参与度。

引自：[美] 约翰·桑特洛克. 青少年心理学（第11版）. 寇彧等译. 北京：人民邮电出版社，2013.391~392.

二、人格教育的方法

1. 认知法

这类教育方法主要是通过引导学生的感知、想象、思维等认知活动来达到教育的目的，主要包括以下几种活动：

（1）阅读和听故事。教师推荐优秀的和有针对性的读物以供学生阅读。在课堂上还可以安排读书讨论，交换读书心得，可收到益智、怡情的效果，并有助于态度的改变和人格的发展。利用儿童喜欢听故事的心理向儿童讲述一些有趣的、符合其年龄特点的故事。例如，讲寓言故事可以帮助儿童建立辨别善恶是非的观念，讲伟人的故事可以帮助儿童树立崇高的理想等。

（2）多媒体教学。通过观看富于教育意义的幻灯片、录像和电影来影响学生的思想和行为，塑造其健全人格。

（3）艺术欣赏。通过音乐、美术和舞蹈等艺术欣赏活动陶冶学生的情操。

（4）联想活动。通过观念联想来训练学生想象力和创造性，以及表达学生内心的感受和经验。例如，将一些不连贯的词或图画，联想成一个完整的故事，或者通过故事接力，每人说一句话，串联成一个故事。

（5）认知改变。通过暗示、说服和质疑来改变学生非理性的信念，从而恢复和建立合理的思考方式。例如，有的学生因考试成绩不理想，就认为自己很笨，或觉得自己能力不行；有的学生和同学闹矛盾，经常将责任归咎于对方，等等。教师可以引导学生将自己的想法列一份清单，并帮助学生逐条分析哪些合理，哪些不合理，以及为什么不合理等问题。

2. 操作法

这种教育方法主要通过学生的言语和动作的操作来达到教育的目的。与认知法相比，这种方法更符合心理健康教育的需要，也更受学生欢迎。

（1）游戏。游戏是儿童的天性，是其生活中不可缺少的组成部分，游戏活动能达到寓教于乐的目的。竞赛性游戏可以培养学生的竞争意识和团结合作的精神；非竞赛性的游戏可以减轻学生的紧张或焦虑，从而获得轻松愉快的体验。

（2）实践活动。借助于各种实践活动，如打扫卫生、出黑板报等培养学生的合作精神和爱劳动的品质。

（3）测验。让学生做智力、性格、态度和兴趣等心理测验，帮助学生自我反省、自我分析，客观地看待自己、认识自己，从而促进学生自我的健康发展。

（4）演讲。可以训练学生的口才，培养智力，增进同学间的相互了解。演讲之前，老师或同学自己先准备一些题目，如"我的母亲""我的理想""我长大后""假如我来当校长"等。然后将题目和班上同学的姓名分别放在两个小箱子中，每次抽中一个姓名和一个题目，被抽中的同学准备两分钟，即席演讲五分钟。

（5）绘画。通过绘画可以培养学生的想象力和创造力。例如，在纸上画一个圆或几条线，让每个学生自由发挥，或全班同学集体创作。

3. 集体讨论法

集体讨论可以集思广益，沟通思想和情感，促进问题解决。以下几种讨论法常用于人格教育课程中：

（1）专题讨论。在某一段时间，针对学生普遍面临的问题进行专题讨论。例如，在新学期开学时，让学生讨论如何制订新学期的学习计划；在考试前，专题讨论关于考试焦虑的问题；在学期结束时，可以讨论如何过一个有意义的假期，等等。

（2）辩论。就争论性的问题进行分组辩论，提出正反两方面的不同意见、根据和理论。

（3）脑力激荡。利用集体思考和讨论的方式，使思想观念相互激荡，发生连锁反应，以引出更多的意见或想法。主持讨论的老师要鼓励大家发表意见，允许异想天开，想法越多越好。不允许批评别人的意见，但可以将别人的意见加以组合或改进。

（4）配对讨论。就一个题目，两人先讨论，得出结果。然后与另两人讨论的意见协商，形成四人的共同意见。再与另四人一直协调，获得八人的结论。这种讨论必须经过深思熟虑，参与感也比较高，因而讨论的效果会比较好。

（5）意见箱。要求学生将平时的意见或问题投入意见箱，收集后全班在人格教育课中共同讨论。

4. 角色扮演法

角色扮演是一种通过行为模仿或行为替代来影响个体心理过程的方法。简单地说就是让学生以一种类似游戏的方式，表演出自己的心理或行为问题，进而起到增进自我认识、减轻或消除心理问题、发展心理素质的作用。例如，一个考试成绩不好的学生，对自己的能力缺乏信心，畏惧学习，辅导老师可以让他扮演进入考场的学生，从而了解自己内心感受和问题所在，再通过角色的转换，扮演考试成功者，使他尝试新的行为而获得新的体验。

（1）哑剧表演。教师提出一个主题或一个情景，要求学生不用言语而用表情和动作表演出来，从而促进学生非言语沟通能力的发展。例如，让学生表演与新同学见面的情景，表演赞美别人、喜欢别人或讨厌别人等情景。

（2）空椅子表演。这种方法只需一个人表演，适合于社交方面有困难的学生。例如，某个男生在女同学面前很害羞，难以正常交往，老师可以用空椅子表演的方法帮助他。具体做法是将两张椅子相对而放，让这个男生坐在一张椅子上，假设另一张椅子上坐的是一位女同学。让这位男生先表演彼此间有过的或可能有的对话，然后坐到对面的椅子上，以女同学的立场讲话。如此重复多次，能够起到促进学生相互了解，改善同学人际关系的作用。

（3）角色互换。参与者为两个以上，例如教师可以让一个学生扮演失败者，一个扮演帮助者，两人对话一段时间后，互换角色。

（4）改变自我。在角色扮演中，辅导教师让某个学生扮演自己改变后的情况。例如，某学生上课时多动，辅导老师让他扮演自己状态改变了，即上课时不再多动的情形。

（5）双重扮演。这种方法要求两个学生一起表演，一个是有问题的学生，另一个是助理演员。有问题的学生表演什么，助理演员就重复表演什么，这样可以重现事实，帮助学生认识自己。

（6）魔术商店。辅导老师扮演店主，店里贩卖各种东西：如理想、健康、幸福、财富、成功等。学生扮演买主，说出自己最想要的东西及其原因，然后辅导老师问他愿意用什么来交换。用这种方法了解学生的需求和价值观，帮助学生树立正确的世界观和人生观。

由于角色扮演生动有趣，不但可以减轻学生的心理压力，帮助学生了解自我，而且还可以促进班级内思想情感的交流，提高学生社会交往的技能，增进同学的友谊和信任，因此在人格教育课程经常用到这种方法。

5. 行为改变法

行为改变法的理论依据是行为主义关于行为强化的学习理论。根据这种理论，通过奖惩等强化手段可以建立某种新的良好行为或消除某种不良行为习惯。例如，老师可以正强化（如口头表扬）来促进学生举手发言，或通过批评惩罚的方式来抵制学生课堂上的多动行为。使用这种方法时，要明确具体指出所要强化的行为和所要达到的标准；选择适当的强化物（初级强化物，如糖果、玩具；次级强化物，如分数、筹码；社会性强化，如微笑、赞许），不同的学生，可选择不同的强化物，以满足他们的需要；强化的时间要及时，延误时间越长，强化对行为的作用就越小。

（1）行为训练。辅导老师指定学生完成一些行为训练任务，如每堂课至少主动举手发言 10 次，每天主动向别人打招呼 15 次等，并加以督促和鼓励，增强良好的行为。主要适用于缺乏自信和行动勇气的学生。

（2）示范。这是一种借助于模仿来习得或掌握新行为的方法，要求辅导老师起示范作用，做学生的榜样。学生通过模仿老师而获得良好的行为。例如，老师表现出礼貌、热情、勇敢、公正和守信等行为品质时，让学生模仿。除老师外，那些优秀的学生也可以起到示范的作用。

（3）奖赏。利用糖果、玩具、分数、表扬、奖状等强化物来强化某种良好行为，使之能够重复出现。人格教育课程中，老师常常以语言形式鼓励、奖赏学生，例如"很好，做得不错""你很棒""你表现得非常好"。

（4）惩罚。利用批评、警告、记过、隔离、限制自由、令人讨厌或畏惧的刺激物等惩罚手段限制、改变某种不良行为。

（5）契约或代币。教师与学生双方共同商定一份明确、公平、可信的契约，或以一定数量的代币换取奖励或参加某种活动。在契约中，明确规定何种良好的行为表现每次可以得到几个积分；何种不良的行为表现每次要扣掉几个积分；多少积分就可换取何种强化物或者享受某种特权。这份契约使教师明确教育各阶段的重点，让学生明确知道训练要达到的具体目标。

三、人格教育的教学模式

1. 开放教室的教学模式

这是一种典型的以人为本、以学生为中心的教学模式。早在1921年，英国教育家 A. S. 尼尔就突破了传统的教学模式，创立了著名的夏山学校。该校以"适应个别儿童的需要以培养其自动学习的能力"为教育目标，采用弹性课表与混合年龄编组的学级组织，学习的基本原则是自由、责任与信任，除了知识的学习外，强调情意教育，学生有机会决定自己的学习课程，负起安排与完成自己学习的责任。夏山学校开创了开放教室的教学先河，20世纪60年代人本主义心理学兴起以后，这一模式在美国推广开来，我国目前新课程改革的一些做法就借鉴了这一教学模式，如学生自主学习、合作学习的学习方式。开放教室的教学模式有以下特点：

（1）学生主导自己的学习。即采用轻教导重学习的教学原则，在学习过程上由学生主导学习活动。让学生自选学习地点、学习材料、学习方法。老师只扮演学习的咨询者的角色，不主导教学活动。

（2）采用诊断式的成绩评定方法。学习效果的评定旨在诊断学生学习的情况与困难，不提供评价学生的学业成就高低或名次排列之用。正如医生给病人看病一样，要找到问题的症结所在，老师的目的在于帮助学生自己找到问题的根源。采用学生自我评定的原则，不举行传统的测验或考试，评定方法采用问答、陈述或撰写的方式进行。

（3）不采用固定的课本或教材。用生活化和多样化的教材，以激发学生的学习兴趣，鼓励学生自动自发，从多样性的教材中去探索自己喜欢的知识。

（4）采用个别化的教学活动。配合学生的个别差异，设置教学情境，提供的教材要考虑学生不同的能力、经验和需求，让每个学生都能按照自己的需求、目标和进度自行学习，不需要统一的教学进度。

（5）采用混合编班的方式。不实施能力编班，也不采用年级编班，而是采用能力年龄混合编班。在混合班里，不同年级、不同能力与不同需要的学生聚集在一起学习。

（6）采用无间隔的开放教室。教室场地宽大，相当于把几间传统小教室打通来使用。无间隔的大型教室设计，旨在提供多样化的教学资源与变化的活动空间，让学生自己学习。在开放教室内，学生们无固定的桌椅，他们可以按兴趣、能力与需求自由组合，可不断分解、不断重组。

（7）多方面合作的协同教学。一个班内可由两位或两位以上的老师分别在不同的位置，分工合作，对不同需要的学生随时提供各种学习上的帮助。不同年级的学生之间可以在同一个班互相帮助，共同学习，甚至学生的家长也可参加开放教室，作为老师的助手，利用自己某方面的专业知识和技能协助学生解决学习上遇到的特殊问题。

夏山学校（Summerhill School）由尼尔（A. S. Neill）在 1921 年创办，至今仍然存在，不引人注目地藏在英国萨福克郡海岸的一个小镇上，甚至连个路标都没有。尼尔不一定有着全球影响力，但全球闻名。在这所学校里，没有人必须上课，孩子们自己制定规则！成年人不能对他们呼来喝去。这个地方让所有听说过的孩子着迷不已，让成千上万有思想的教育家兴趣盎然。但就此认为夏山学校没有规矩乃是一种错觉，对于让孩子享受自由和允许他们干涉别人，尼尔作了严格的区分。在英国，可能没有哪所学校的校规手册比夏山学校更厚了。有些是惯常的规定（如"不要在水池边奔跑"），有些则以代码形式出现，即使按照寄宿学校的标准来看也令人费解（如 BO 必须做 10 分钟 BT，之后不准出 SHACK），但这样的规定有好几百条。以为孩子们不喜欢这些规定也是种错觉，他们实际上很喜欢遵守，只是讨厌成年人把这些规矩强加给他们。

专栏

**特立独行的
夏山学校**

尼尔曾说:"我宁愿夏山学校培养出快乐的清洁工,而不是神经质的首相。"但快乐不是来自于成就吗?一个本可能成为首相的清洁工,就不会非常神经质吗?按照他自己的说法,这所学校似乎是有成效的。招生简章中说,他们要让儿童学会"自信、宽容和周到",而另一所学校的负责人告诉记者,他们接收的夏山学校毕业生正是这样的人。现在的问题是,实际上与1921年的时候相比,夏山学校可能更赶不上时代步伐了。94年前的子女教育,总体上讲都是严格而冷漠的,现在家长的教育往往宽松一些,但却是持续干预式的。很难想象今天的父母会喜欢不干涉的做法,并支付高达每年1.3万英镑的学费,来让学校也进行"不干涉的教育"。但是,知道这样一所学校仍然存在也不错。如果你胆子够大,你也可以说它是成功的。

引自: http://www.ftchinese.com/story/001024987/ce.

　　开放教室的教学模式是一种比较极端的人本主义教学模式,提供教育的开放化、自由化和人性化,真正做到以学生为中心,强调情意教育为主,知识教育为辅,对于在我国开展人格教育的教学具有重要的启示意义。研究也表明,这种教学模式培养出来的学生社会适应能力更强,人际关系更好,他们也更加的以人为本。但是也不难发现,这种模式由于缺乏明确教学目标、详细的教学设计和科学的评定标准,学生难以学到社会必需的知识、技能和技巧,容易导向教学的放任主义。

2. 敏感性训练模式

团体动力学家库尔特·勒温(Kurt Lewin, 1890—

1947）在研究团体动力过程中，发明了敏感性训练这一人格教育的教学形式，这一特殊的教学形式被美国人本主义心理学家罗杰斯称为20世纪最伟大的心理学发明。敏感性训练主要是通过小组交流讨论的形式，让参加者学会如何有效地与他人沟通和交流；如何有效地倾听和了解他人的感情与感受；了解他人如何看待自己，自己的行为又如何影响他人以及自己如何受他人的影响。这一模式不需要教师课堂讲课，教师只是在小组中临时召集人，组织大家一起参与小组活动。它强调在人际相互作用过程中依靠自己的亲身体验和感受来学习，学习的目标主要是情意和人格方面的目标：①培养明确、坦率的社会交往与交流方式；②培养社会交往中各种角色的适应性；③培养社会兴趣以及对社会和他人的了解；④培养平等、合作与相互信赖的社会交往态度；⑤培养解决社会交往中各种问题的能力。

在敏感性训练的教学过程中，小组内的交流活动是学习的主要途径，而小组中真诚、坦率和理解的气氛是教学成功的一个关键因素。大量的敏感性训练实践表明，该教学模式有助于提高学生的自信心，增进对自己和他人的了解以及人与人之间的相互理解和信任，促进了人与人之间的沟通与人际关系的和谐。

在勒温提出敏感性训练之后，又出现了许多性质相同的团体辅导与训练课程，如人际关系小组、个人成长团体、人类潜能促进小组等。尽管这些团体的名称不同，但本质上是一致的。因为它们都强调团体中的人际关系经验，都重视各种情感问题，不重视智力问题。团体辅导与训练的目的主要不是为了治疗或矫正某种心理问题，而是促进个人人格发展，包括了解自我、增强自信、寻求有意义的生活、改善人际关系等。

3. 成就动机训练模式

成就动机是指个体追求自认为重要的有价值的工作，并使之达到完美状态的动机，即一种以高标准要求自己力求取得活动成功为目标的动机。具有成就动机的学生能刻苦努力学习，并战胜学习中的种种困难和障碍，以取得优良成绩。成就动机的研究可以追溯到 H. A. 默里（Henry Murray，1893—1988）1938 年提出的"成就需要"的概念。默里将成就需要定义为"克服障碍、施展才能，力求尽快尽好地完成困难的任务"的驱动力。在默里研究的基础上，D. C. 麦克莱兰和 J. W. 阿特金森继续进行有关成就动机的实验研究，并于1953年合著《成就动机》一书。

心理学研究表明，成就动机对学生的学习态度、坚持性、学习任务选择以及学习成绩等均有重要影响。在学习任务的选择上，高成就动机的学生积极地向中等难度的课题或任务挑战，低成就动机的学生可能选择不恰当的任务，并经常变动所选择的任务。在对待学习的态度、坚持性上，高成就动机的学生在面临失败的情况下，有耐心、有毅力、能坚持；低成就动机的学生则会半途而废。研究还发现，成就动机与学习成绩之间呈正相关，高成就动机的学生，其学习进步快，成绩较好；相反，低成就动机的学生，其学习无明显进步，成绩亦较差。正因为如此，国内外出现了许多以中小学生为对象进行的成就动机训练。

成就动机训练可以分为几个阶段进行：

（1）意识化。通过与学生谈话、讨论使学生注意到与成就动机有关的行为。

（2）体验化。让学生进行游戏或其他活动，从中体验成功与失败、选择目标与成败的关系、成败与感情上的联系，特别是体验为了取得成功所必须掌握的行为策略，如根据自己的水平选择目标、不断了解不同目标的难度，达到目标的途径及自己的行为结果等。

（3）概念化。让学生在体验的基础上理解与成就动机有关的概念，如"成功""失败""目标"，以及"成就动机"本身的含义。

（4）练习。实际上是体验化与概念化两个阶段的重复，通过重复练习使学生不断加深体验和理解。

（5）迁移。使学生把学到的行为策略应用到学习场合，不过这往往是一些特殊的学习场合，这一场合要具备自选目标、自己评价，并能体验成败的条件。

（6）内化。取得成就的要求成为学生自身的需要，学生可以自如地运用所学的行为策略。

成就动机训练的内容和方法包括：

（1）实施主题统觉测验（测验时让被试者根据图片内容按一定要求讲一个故事，被试者在讲故事时会将自己的思想、感情和动机不知不觉地投射到图画中的主人公身上），让学生了解自己的成就动机，也了解高成就动机者的特征。

（2）通过阅读有关资料和观看录像片，识别高成就动机者的心理和行为特征。

（3）通过团体讨论或个别辅导，帮助学生认识自己的动机与抱负水平。

（4）组织学生参加竞赛性游戏，让学生建立与自己实际相符的目标，从而获得成功的体验，要让学生勇于尝试新的思想与行为方式。

（5）在学科学习中鼓励学生建立符合自己的实际目标，体会更多的成功经验，逐步增强自信心。

当然，人格教育不应只限于学校情境中，更不应只限于课堂教学情境中，而是应当渗透于儿童、青少年日常学习和生活的方方面面。正如我们提到的那样，一个人从其出生的时候开始，人格就开始不断发展并逐渐走向成熟，这其中有许许多多的因素会影响这种发展，影响其健全人格的养成，任何一个消极的因素（如放任的父母、有问题的同伴、不负责的老师等）都有可能成为"绊脚石"。无论是家庭还是学校，都应当去关注这些因素，尽量消除消极因素的影响。对于学校而言，我们主张人格教育应当走出教室、走出校门，这样才可能使学生的人格发展与整个社会的发展齐头并进。

参考文献

1. 陈少华．人格心理学．广州：暨南大学出版社，2010.

2. 陈少华．人格判断：多维的视角．广州：暨南大学出版社，2013.

3. 申荷永，高岚．心理教育．广州：暨南大学出版社，1995.

4. 郑雪．人格心理学．广州：广东高等教育出版社，2004.

5. ［美］戴维·谢弗．社会性与人格发展（第5版）．陈会昌等译．北京：人民邮电出版社，2012.

6. ［美］米哈伊·奇凯岑特米哈伊．创造性：发现和发明的心理学．夏镇平译．上海：上海译文出版社，2001.

7. ［美］斯科特·利林菲尔德等．心理学的50大奥秘．衣新发等译．北京：机械工业出版社，2012.

8. ［美］兰迪·拉森，戴维·巴斯．人格心理学：人性的科学探索（第2版）．郭永玉等译．北京：人民邮电出版社，2011.

9. ［美］约翰·桑特洛克．青少年心理学（第11版）．寇彧等译．北京：人民邮电出版社，2013.

10. ［澳］史蒂夫·比达尔夫．养育女孩．钟煜译．北京：中信出版社，2014.

11. ［英］丹尼尔·弗里曼，贾森·弗里曼．别偷懒，你要学点心理学．金笙译．北京：中信出版社，2012.

12. ［美］戴维·谢弗等．发展心理学（第8版）．邹泓等译．北京：中国轻工业出版社，2009.

培养有个性的孩子

小时候，最开心的事大致有两件：一是喜欢有人到家里做客，二是喜欢跟着父亲到亲戚朋友家做客。因为只有在这种时候，即便我们犯了错误，父亲也不会责骂我们。那时候，多么希望父亲每天都能这样对待我们！后来，读了一些书才知道，这是一个亲子沟通的问题：父母以什么样的方式对待孩子，不仅决定了亲子关系的质量，而且有可能决定孩子的个性（人格）。印象中，父亲是一个极其严厉的人，他的管教方式是专制型的，如经常制定规则，要求我们严格执行。不管我们提出什么疑问，父亲只会强硬地回答："我说什么就是什么！"他不会跟我们商量，只会强迫我们绝对服从。在父亲的眼里，我们唯一能做的只有"听话"二字。上学以后，老师对待我们的态度并没有多少不同，除了各式各样的校规校纪外，老师说的每一句话都得当"圣旨"执行。在这样的环境下，我们必须抛弃自己的想法、见解，去投家长、老师所好，甚至连自己的感受都不能保留，我们大多成了没有个性的人。

我的成长经历并不特别，在国内有千千万万有着像我一样成长经历的人，甚至包括我们的父辈和祖辈在内。那么，我们的下一代又怎么样呢？说心里话，作为父亲，我真的不知道怎样对小孩才是正确的；作为老师，我甚至不敢批评学生。我总觉得，现在孩子的问题似乎比我小的时候更多。我承认，现在的孩子都非常聪明，学习能力强，视野很开阔，接受新事物的能力很快，但是，除了这些，我们还能找到更多的优点吗？现在的家庭和学校，比以往任何时候都关注孩子的成绩，为了有一个好的成绩，其他什么都可以牺牲——从游戏到休闲，从劳动到锻炼，从情感到责任。我经常在想：我的孩子除了会学习，她还会干什么？我总在担心，哪一天我们不在家的时候，她还能生存吗？这种担心并不是多余的，它是一个非常现实而又棘手的问题，让我左右为难。

每个人都是独一无二的，从这个角度讲，每个人都有自己的个性。任何一种类型的教育都必须首先尊重这种独特性，鼓励并促进个性的发展，这样我们才能活出自己。但是，反观我们的教育，从家长要求小孩"听话"到老师要求学生"服从"，都是在消除一个人的个性，孩子们哪里有自己的个性，有的只是"任性"——没有规则制约的个性。我深知自己是一个没有个性的人，因此没有多少自己的想法和主见，更没有什么想象和创造。但是我希望孩子们有自己的个性，能够活得像他们自己，能够有自己的想法和主见，能够有想象和创造，能够独立自主地生活，能够成为一个有良知有爱心的人。也许是我的教育方式有问题，抑或是我对孩子的要求太高，孩子的发展并没有如我所愿，至少目前没有。写这本书的目的之一，是希望许多和我一样的家长和老师能够正视孩子们成长过程中的问题，并及时解决好这些问题。有些问题在孩子小的时候可能并不觉得有多严重，但是随着日积月累，这些问题有可能会变成大问题，直至我们没办法解决它。

有时候，我总觉得现实中的规则对孩子们限制太多，也许没有哪个国家的孩子像我们的孩子那么乖巧，那么听话。但是这种情形无论是对个人还是对社会的发展都不利：一个人受的管制太多，不会有活力。我不是主张自由主义，更不主张无政府主义，而是觉得我们应当学会去尊重我们的孩子，给他们时间，给他们空间，在给他们自由的同时赋予他们责任。如果我们总是怀着一种不信任的态度去教育他们，那么必然会导致他们对于我们、对于社会的不信任。

孩子有个性并不意味着随心所欲，更不能等同于不守规则，而是意味着他们更像自己，有自己的小天地，就像天上的小鸟能够自由地飞翔，水中的鱼儿能够尽情地遨游。记得有位专家说过，如果我们能够像对待我们的客人那样对待我们的孩子，那么他们身上就不至于出现这样那样的问题，他们也一定能够健康、健全、快乐、幸福地成长。

陈少华

2015 年 12 月于云山熹景